彩图 1　玉米

彩图 2　稻谷

彩图 3　大麦

彩图 4　小麦

彩图 5　高粱

彩图 6　小麦麸

彩图 7　豆粕

彩图 8　花生饼

彩图 9　菜籽粕

彩图 10　棉籽粕

彩图 11　芝麻饼

彩图 12　鱼粉

彩图 13　肉骨粉

彩图 14　蚕蛹

彩图 15　羽毛粉

彩图 16　贝壳粉

彩图 17　石粉

彩图 18　磷酸氢钙

彩图 19　颗粒饲料

彩图 20　用颗粒饲料喂鸭

彩图 21　饲料粉碎机一

彩图 22　饲料粉碎机二

彩图 23　全价配合饲料的贮藏一

彩图 24　全价配合饲料的贮藏二

饲料科学配制与应用丛书

鸭实用饲料配方手册

王艳丰　编著

机械工业出版社

本书共分5章，内容包括鸭的营养消化特性、鸭的营养需要及常用饲料原料、鸭的饲养标准及饲料配方设计方法、鸭的饲料配方实例、鸭饲料的质量控制。本书内容系统、全面，技术阐述简单明了、通俗易懂，突出可操作性、实用性和针对性；编排时图表文结合，有专门的“提示”“注意”“小经验”“小知识”等栏目，以使广大养鸭户少走弯路。

本书可供规模化鸭场、专业养鸭户、饲料企业及初养者等阅读、使用，也可供鸭业科技工作者、农业院校的师生阅读、使用。

图书在版编目（CIP）数据

鸭实用饲料配方手册/王艳丰编著. —北京：机械工业出版社，2022.11
（饲料科学配制与应用丛书）
ISBN 978-7-111-71599-3

Ⅰ.①鸭… Ⅱ.①王… Ⅲ.①鸭-饲料-配方-手册 Ⅳ.①S834.5-62

中国版本图书馆CIP数据核字（2022）第171245号

机械工业出版社（北京市百万庄大街22号 邮政编码100037）
策划编辑：周晓伟 高 伟 责任编辑：周晓伟 高 伟 刘 源
责任校对：韩佳欣 王 延 责任印制：张 博
保定市中画美凯印刷有限公司印刷
2023年1月第1版第1次印刷
145mm×210mm · 5印张 · 2插页 · 141千字
标准书号：ISBN 978-7-111-71599-3
定价：29.80元

电话服务
客服电话：010-88361066
010-88379833
010-68326294

网络服务
机 工 官 网：www.cmpbook.com
机 工 官 博：weibo.com/cmp1952
金 书 网：www.golden-book.com
机工教育服务网：www.cmpedu.com

前　言　PREFACE

我国是世界上养鸭数量最多的国家，2021 年我国肉鸭出栏 41.0 亿只，较 2020 年下降 12.5%，出栏量约占世界总出栏量的 68%；肉鸭总产值达到 1017.4 亿元，较 2020 年下降 10.2%；蛋鸭存栏 1.5 亿只，较 2020 年上涨 0.8%，占全球蛋鸭存栏量的 90%以上；鸭蛋产量为 277.6 万吨，较 2020 年下降 4.8%。长期以来，国内外缺乏对鸭的生理生化、营养、饲养及饲料配制技术的系统研究，饲料生产多根据经验，缺乏规范性、科学性，从而造成饲料浪费，影响鸭的生产性能，降低养殖效益，制约产业的发展。如何根据已有饲养标准，科学配制鸭的饲料，提高鸭的生产性能，实现经济效益最大化，意义重大。

本书内容包括鸭的营养消化特性、鸭的营养需要及常用饲料原料、鸭的饲养标准及饲料配方设计方法、鸭的饲料配方实例、鸭饲料的质量控制。特别是编著者根据自己的经验，提供了许多鸭饲料配方。在内容编排上，图表文有机结合，力求技术阐述简单明了、通俗易懂，突出系统性、可操作性、实用性和针对性；对于饲料原料选择与使用、饲料配制要点、饲料质量控制及在饲喂中容易出现的误区等，设置了“提示”“注意”“小经验”“小知识”等栏目，有利于养鸭户快速上手，少走弯路。本书可供规模化鸭场、专业养鸭户、饲料企业及初养者阅读、使用，也可供鸭业科技工作者、农业院校的师生阅读、使用。

本书由河南农业职业学院牧业工程学院王艳丰编著，得到了河南省高等教育教学改革研究与实践项目（编号：2017SJGLX152、2019SJGLX706）的资助，在编写过程中还得到许多饲料企业同仁的关心和支持。本书参考了一些专家学者的研究成果和相关资料，由于篇幅所限，未将参考文献一一列出，在此一并表示感谢。

需要特别说明的是，本书提供的饲料配方仅供参考，因配方效果会受到诸多因素影响，如参考的饲养标准，饲料原料的产地、种类、营养成分、等级，鸭的品种、疾病，季节因素，地域分布，生产加工工艺，饲养管理水平，饲养方式等，具体应在饲料配方师的指导下因地制宜、结合本场实际情况而定。

由于编著者的水平有限，书中错误与不足之处在所难免，诚请同行及广大读者批评指正。

编著者

目　录　CONTENTS

前言

第一章
鸭的营养消化特性

一、鸭的消化系统

鸭的消化系统包括喙、口腔、咽、食管、胃（腺胃、肌胃）、肠（小肠、大肠）、泄殖腔及消化腺（肝脏、胰腺）等。

（1）喙与口腔 鸭无软腭、唇和牙齿，颊不明显，靠喙采食饲料。鸭喙长而扁，末端呈圆形，上、下喙的边缘呈锯齿状横褶，在水中采食时，可通过横褶快速将水滤出并将食物阻留在口腔中。在横褶的蜡膜上及舌的边缘，分布着丰富的触觉感受器。舌位于口腔底部，舌黏膜上典型的味蕾较少，所以鸭味觉不发达，对饲料的味道要求不高。口腔的顶壁为硬腭、无软腭；口腔向后与咽的顶壁相连，两者合称口咽腔。唾液腺不发达，分泌唾液的能力较差，唾液可以湿润食物，便于吞咽。

【提示】

鸭采食主要靠视觉和触觉，喙内有丰富且敏感的物理感受器。因此，饲料的物理特性，如颗粒的大小和硬度对鸭的摄食及消化影响很大。

（2）咽 鸭口腔与咽无明显界限，咽部黏膜血管丰富，具有参与散发体温的作用。

（3）食管及食管膨大部 食管是一条从咽到胃、细长且富有弹性的管道。食管壁由外膜、肌膜和黏膜构成；食管腺位于黏膜下，可以分泌黏液；食管下端为膨大部，呈纺锤形，可以贮存大量纤维性饲料。因此，鸭具有很强的耐粗饲和觅食能力。鸭吞咽食物时抬头伸颈，借助重力、食管壁肌肉的收缩力及食管内的负压，将食物和水咽下，到达食管膨大部并停留 2~4 小时后，逐渐向后流入胃。

（4）胃

1）腺胃。腺胃呈纺锤形，位于腹腔左侧。腺胃壁较厚，黏膜表面形成腺乳头，乳头上有胃腺开口。腺细胞分泌胃液，胃液中含有胃蛋白酶和盐酸，可以帮助消化蛋白质和溶解矿物质。食物通过腺胃的时间很短，且胃内酸碱度不适合胃蛋白酶的活动，因此，食物在此几乎不消化。胃液中的酶主要在食物进入肌胃后发生作用。

2）肌胃。肌胃俗称砂囊，是禽类特有的器官。它位于腹腔左侧，紧连腺胃，呈近圆形或椭圆形，质地坚实。肌胃壁很厚，表面覆有腱质，肌肉发达，收缩力强，主要对食物起磨碎作用。肌胃的磨碎作用：一是靠肌肉强有力的收缩；二是靠肌胃内一层很厚且结实的黄色角质膜，在磨碎饲料中起机械作用，同时又能保护肌胃黏膜不受坚硬饲料的损伤；三是靠采食时吞进的沙砾。沙砾在肌胃内滞留的时间较长，从而增强肌胃的磨碎作用，使鸭能有效地利用谷物和粗饲料。

【提示】

若将饲料中的砂砾除去，鸭的消化率会降低 25%~30%，粪便中也可见到整粒的谷物，俗称“过料”。因此，可在配合饲料中加入 2%砂砾，或在舍内放置砂槽，任鸭自由采食。

（5）肠

1）小肠。小肠包括十二指肠、空肠和回肠。小肠前接肌胃，后接盲肠，全部肠壁均有肠腺，肠黏膜上分布着许多指状凸起的绒毛和隐窝，可以扩大吸收面积，促进消化。小肠分泌的肠液中含有淀粉酶，胰液中含蛋白酶、脂肪酶和淀粉酶，加上肝脏分泌的胆汁，有助于脂肪乳化和加强胰液的消化作用。不同家禽肠长度比较见表 1-1。

表 1-1　不同家禽肠长度比较

项目	鸡	鸭	鹅
肠总长/厘米	165~170	155~233	250~365
肠长：体长	(5~8)：1	(4~5)：1	(4~5)：1

（续）

项目	鸡	鸭	鹅
十二指肠/厘米	30	22~38	45
空肠/厘米	85~120	105	165
回肠/厘米	16	15	25
盲肠/厘米	3~5	20	

2）大肠。大肠很短，由盲肠和直肠组成。盲肠从回肠和直肠的交界处出发，沿小肠向前延伸，具有消化纤维的功能。来自小肠的内容物的一部分进入盲肠，在盲肠内继续进行蛋白质、脂肪、糖类的消化和吸收，并由微生物对粗纤维进行分解。进入盲肠的内容物经过进一步消化吸收后被压迫出去，进入直肠。直肠能吸收水分，并将粪便送入泄殖腔后排出体外。

【提示】

对于鸭而言，经过盲肠的内容物不多，盲肠内微生物的分解能力有限。因此，鸭对粗纤维的消化利用率不高。

（6）泄殖腔　泄殖腔是禽类所特有的、直肠末端膨大形成的腔道，是消化系统、泌尿系统、生殖系统的共同通道。泄殖腔内有两个环行的黏膜褶，将其分为粪道、泄殖道和肛道三部分。

（7）消化腺

1）肝脏。肝脏是消化系统中最大的消化腺。它位于腹腔右侧后方，与腺胃和脾脏相邻，分左右两叶，右叶大于左叶，有两条导管。左叶的导管直接开口于十二指肠，叫肝管；右叶的导管连接胆囊，通过胆管开口于十二指肠。肝脏分泌的胆汁贮存于胆囊中，在消化过程中由胆管排入十二指肠。胆汁能激活胰酶，使脂肪乳化，有助于机体对脂肪和脂溶性维生素的吸收。肝脏还参与糖原、蛋白质的合成与分解，能贮存一部分糖、蛋白质、多种维生素和一部分铁元素，并有解毒作用。

2）胰腺。胰腺位于十二指肠的“U”形弯曲内，即由十二指肠包围，呈浅红色或浅黄色的长条腺体，分为背叶、腹叶和很小的脾叶，有2~3条胰管与胆管一起开口于十二指肠中部。胰腺分泌的胰液沿胰管进入十二指肠。胰液中含有几种强大的消化酶，在十二指肠中帮助消化淀粉、蛋白质和脂肪，还可以中和腺胃分泌物的酸性。

二、鸭的采食习性

（1）杂食性 鸭是杂食性动物，食谱比较广，很少有择食现象。鸭喜食颗粒饲料，不爱吃粒度过小的黏性饲料，并有先天的辨色能力，喜欢采食黄色饲料，再加之颈长灵活，又有良好的潜水能力，故能广泛采食各种动植物饲料。鸭的味觉不发达（味蕾数量少），对饲料的适口性要求不高，凡无酸败和异味的饲料均会无选择地大口吞咽，对异物和食物无辨别能力，常把异物当成饲料吞食。

（2）采食规律 在自然光照下，鸭在一昼夜内有3个采食高峰，分别是早晨、中午和晚上（一般来说，产蛋鸭傍晚采食多，未产蛋鸭清晨采食多，这与晚间停食时间长和形成蛋壳需要钙、磷等有关）。因此，早晚应多投料，需要给药或混饲给药时，最好安排在鸭采食高峰时进行。

【小知识】

北京鸭基本全天采食，在4：00以后采食次数开始增加，6：00~8：00达到全天采食高峰，16：00~18：00达到全天第二个采食高峰，18：00~20：00是全天采食次数最少的时段。

三、鸭的消化特性

（1）消化机制 食物中的营养物质在肠道内经胃液、肠液、胰液和胆汁等的综合作用，被消化分解，产生氨基酸、脂肪酸和单糖等，最后被小肠绒毛的毛细血管和淋巴管末端吸收，经肝脏的门静脉流入心脏，然后输送至全身各处。

葡萄糖在经过肝脏时，大部分变成肝糖原贮存起来，一部分分

散于全身，成为各器官活动的能量。输往机体内各组织器官的氨基酸，也可再度结合起来形成鸭体和卵中的蛋白质，或者一部分转化为糖和脂肪，以维持体温和作为能量的来源。消化吸收的矿物质和水分，主要用于维持各器官功能的正常进行、促进代谢、形成骨骼和蛋壳等。吸收的维生素可贮存在肝脏和卵中，也有少量贮存在于各器官中。未被消化的物质和代谢产物，则形成粪便和尿排出体外。

（2）消化参数变化规律　以樱桃谷鸭为例，雏鸭小肠长度随日龄的增加逐渐增加，小肠增幅于 7 日龄左右达到最大，然后呈逐渐降低趋势。食管膨大部、肌胃、十二指肠、空肠和回肠的 pH 分别为 5.057～6.685、2.670～4.003、6.012～6.375、6.047～6.512、6.302～6.901，随日龄的增加变化幅度不大，并随日龄的增加趋于稳定；胃蛋白酶活性随着日龄的增加而增加，在 14 日龄时达到峰值，然后逐渐降低；脂肪酶、肠道淀粉酶和胰蛋白酶活性分别在 7、14 和 28 日龄达到峰值，且空肠和回肠内容物的淀粉酶和脂肪酶活性均高于十二指肠；盲肠中纤维素酶活性随着日龄的增加而增加。

四、鸡和鸭的消化能力比较

（1）鸡和鸭的消化道排空速度的比较　鸭的消化道排空速度比鸡快，但鸭的消化道总残留干物质量比鸡高。食糜在鸭小肠、直肠及整个消化道的排空率均低于鸡，鸭在强饲 24 小时后消化道内容物基本排空。

（2）鸡和鸭对常用饲料代谢能的比较　对比鸡和鸭对常用饲料（玉米、小麦麸、稻谷、小麦、豆油、牛脂、玉米淀粉、豆粕、棉籽粕）的代谢能，除对棉籽粕和玉米淀粉的代谢能差异不显著外，鸭对同一种饲料的表观代谢能及真代谢能均高于鸡（表 1-2），饲料蛋白质含量越高，鸡和鸭对饲料的表观代谢能值及真代谢能值之间的差异越大。

（3）鸡和鸭对常用饲料总氨基酸消化率的比较　鸭对同一种饲料的氨基酸表观消化率及真消化率均高于鸡（表 1-3）。

表 1-2　鸡和鸭对常用饲料代谢能的比较（以干物质计）

饲料种类	代谢能类型	代谢能/（兆焦/千克）	
		鸡	鸭
玉米	表观代谢能	13. 23±0. 94	14. 33±0. 38
	真代谢能	15. 30±0. 94	16. 90±0. 38
小麦麸	表观代谢能	6. 62±0. 79	8. 03±0. 52
	真代谢能	9. 59±0. 79	10. 60±0. 52
稻谷	表观代谢能	10. 83±1. 58	11. 75±0. 84
	真代谢能	12. 87±1. 58	14. 32±0. 84
小麦	表观代谢能	11. 31±0. 39	12. 62±1. 03
	真代谢能	13. 01±0. 39	14. 87±1. 03
豆油	表观代谢能	31. 62±2. 05	35. 90±1. 59
	真代谢能	33. 51±2. 05	38. 32±1. 59
牛脂	表观代谢能	31. 35±3. 19	34. 78±2. 74
	真代谢能	33. 30±3. 19	37. 35±2. 74
玉米淀粉	表观代谢能	14. 48±2. 28	14. 73±1. 09
	真代谢能	16. 56±2. 28	17. 38±1. 09
豆粕	表观代谢能	10. 41±0. 72	11. 97±0. 55
	真代谢能	12. 39±0. 72	14. 61±0. 55
棉籽粕	表观代谢能	7. 57±1. 58	7. 73±1. 60
	真代谢能	9. 65±1. 58	10. 57±1. 60

表 1-3　鸡和鸭对常用饲料总氨基酸消化率的比较（以干物质计）

饲料种类	总氨基酸消化率类型	总氨基酸消化率（%）	
		鸡	鸭
玉米	表观消化率	82. 45±0. 75	84. 81±1. 45
	真消化率	95. 22±0. 75	97. 50±1. 45
小麦麸	表观消化率	80. 27±2. 66	83. 55±0. 39
	真消化率	92. 95±2. 66	95. 23±0. 39

（续）

饲料种类	总氨基酸消化率类型	总氨基酸消化率（%）	
		鸡	鸭
稻谷	表观消化率	77.11±0.69	79.10±0.15
	真消化率	90.74±0.69	91.43±0.15
小麦	表观消化率	81.81±3.12	83.03±0.23
	真消化率	91.85±3.12	95.58±0.23
豆粕	表观消化率	86.94±0.60	89.92±0.63
	真消化率	88.52±0.60	91.41±0.63
棉籽粕	表观消化率	78.40±2.81	81.74±0.44
	真消化率	82.32±2.81	85.58±0.44
花生粕	表观消化率	86.07±1.70	88.58±1.53
	真消化率	88.12±2.92	91.32±1.70

第二章
鸭的营养需要及常用饲料原料

第一节　鸭的营养需要

一、鸭对能量的需要

能量是鸭的生命活动和物质代谢所必需的营养物质。鸭的一切生理过程包括采食、消化、吸收、排泄、运动、呼吸、血液循环、维持体温等都需要能量。鸭所需要的能量主要来源于碳水化合物、脂肪和蛋白质。在鸭的总能量需要中，由碳水化合物提供的能量占70%~80%。碳水化合物包括淀粉、糖类和粗纤维。鸭饲料中的能量以代谢能（ME）表示，单位是兆焦/千克。

蛋鸭在育雏期生长快，对营养要求高。一般日粮12.26兆焦/千克的代谢能就能满足育雏期蛋鸭生长发育的需要。3~8周龄日粮的适宜代谢能为11.51兆焦/千克，9~18周龄为10.88兆焦/千克。产蛋期的适宜代谢能受品种、产蛋率、环境条件等的影响。如康贝尔蛋鸭的日粮代谢能为10.04兆焦/千克，绍兴鸭的日粮代谢能为10.7~11.6兆焦/千克，福建龙岩麻鸭产蛋初期、高峰期和后期日粮的适宜代谢能分别为10.88兆焦/千克、10.46兆焦/千克、10.46兆焦/千克，金定鸭产蛋初期（19~28周龄）的日粮代谢能为11.51兆焦/千克，可满足笼养蛋鸭的产蛋需要。蛋鸭休产期日粮的维持代谢能为1.08434$BW^{0.75}$兆焦（$BW^{0.75}$为代谢体重）。樱桃谷鸭生长前期能量需要为12.31兆焦/千克，土番鸭的能量需要为12.08兆焦/千克，番鸭的能量需要为11.72兆焦/千克。

能量浓度是决定采食量的最重要因素。自由采食条件下，肉鸭趋向于根据能量需要量来调节采食量。肉鸭适应的日粮能量浓度范围很宽，饲喂低能量日粮时，其饲料转化率显著下降。

【小知识】

研究表明，能量浓度对胰蛋白酶活性有显著影响，蛋白质水平对胰蛋白酶和糜蛋白酶活性有显著影响，能量浓度和蛋白质水平对淀粉酶和脂肪酶活性均无显著影响。

二、鸭对蛋白质的需要

蛋白质是生命的基础，也是构成鸭肉和鸭蛋的主要原料，皮肤、羽毛、神经等都含有大量蛋白质。鸭所需要的蛋白质必须从饲料中摄取。日粮中粗蛋白质含量过低，会影响鸭的生长速度，造成体重达不到标准要求，食欲减退，羽毛生长不良。相反，若粗蛋白质含量过高，则会增加饲料成本，鸭利用不完全，造成不必要的浪费，还会导致鸭新陈代谢紊乱，严重时诱发痛风。蛋鸭对蛋白质的需要主要取决于品种、体重、产蛋率、蛋重和日粮蛋白质的消化率和利用率。体重大、产蛋率高、蛋重大，蛋鸭所需蛋白质就多，反之则少。如金定鸭产蛋期日粮粗蛋白质水平为18%时，可获得最佳日均产蛋量、产蛋率与料蛋比；山麻鸭日粮粗蛋白质水平为19%时，能最大限度地发挥产蛋鸭的生产潜力，维持最高产蛋率；福建龙岩麻鸭产蛋初期、高峰期和后期日粮适宜的粗蛋白质水平分别为17.07%、17.07%、18.26%。肉鸭日粮中蛋白质水平降到16%以下会导致羽毛生长不良。

蛋白质由20多种氨基酸构成，氨基酸可分为必需氨基酸和非必需氨基酸两大类。必需氨基酸是鸭体内不能合成或合成数量较少、不能满足营养需要，必须由饲料供给的氨基酸（表2-1）。非必需氨基酸是指在鸭体内可以合成，或者可以由其他氨基酸代替，一般不会缺乏的氨基酸，如胱氨酸、酪氨酸等。

【注意】

蛋氨酸、赖氨酸和色氨酸在饲料中含量较少，常不能满足鸭的需要，因此把这三种氨基酸称为限制性氨基酸。生产中这三种氨基酸的供应尤其重要。

表 2-1 鸭所需要的必需氨基酸

品种类型	数量	氨基酸名称	限制性氨基酸名称
蛋鸭	10	赖氨酸、蛋氨酸、色氨酸、亮氨酸、异亮氨酸、苯丙氨酸、苏氨酸、缬氨酸、精氨酸和组氨酸	蛋氨酸、赖氨酸和色氨酸
肉鸭	13	赖氨酸、蛋氨酸、色氨酸、亮氨酸、苯丙氨酸、异亮氨酸、缬氨酸、精氨酸、组氨酸、苏氨酸、甘氨酸、胱氨酸和酪氨酸	蛋氨酸、赖氨酸和色氨酸

三、鸭对矿物质的需要

（1）钙和磷　钙和磷是构成骨骼的主要成分。钙对维持神经、肌肉的正常生理功能，维持心脏正常活动、酸碱平衡及促进血液凝固等均有重要作用。钙、磷缺乏时，鸭采食量下降，饲料利用率降低，生长停滞，易患异食癖和佝偻病，产蛋鸭骨质疏松，产蛋量下降，蛋壳变薄、软壳或无壳；钙含量过高，则会影响其他营养物质的吸收利用，如过多的钙与日粮中的脂肪形成不溶性的脂肪酸钙，抑制磷、铁、锰及锌的吸收利用，还会导致鸭肾脏病变、内脏痛风、输尿管结石。日粮中磷含量过高时，会引起骨的重吸收，易出现骨折、跛行和腹泻，肋骨组织软化会影响正常呼吸，严重时导致窒息死亡。因此，日粮中除应注意满足钙和磷的需要外，还要特别注意钙磷比例。一般情况下，生长鸭日粮的钙磷比例为（1~2）：1，产蛋鸭日粮的钙磷比例为（5~6.5）：1。

【提示】

肉鸭日粮中钙需要量为0.48%~1.00%，非植酸磷需要量为0.25%~0.48%，并可能不同程度地受鸭品种、评定指标和饲养管理水平等因素影响。

（2）钠和氯　钠和氯具有调节渗透压，维持神经和肌肉兴奋，提高饲料适口性、增进食欲等作用。食盐不足，会引起鸭食欲下降，消化不良，饲料利用率降低，生长缓慢和体重减轻，且易产生啄羽、啄肛等异食癖。日粮中食盐含量以 0.25%～0.4%为宜。如食盐过多，轻者引起腹泻，重者引起中毒死亡，配制饲料时要混合均匀。

（3）铁和铜　铁主要存在于血红素中，肌红蛋白和一些酶中也有少量存在。铜有利于铁的吸收和血红素的形成。日粮中缺铁时，导致鸭发生营养性贫血，生长迟缓，羽毛无光；铁过量时，鸭采食减少，体重下降，影响磷的吸收。鸭对铁的需要量为 45～80 毫克/千克体重。日粮中缺铜时，会引起贫血，骨质疏松，生长受阻，羽毛特别是黑色和灰色羽褪色，产蛋率、孵化率降低，不利于钙和磷的吸收；铜过量时，表现生长受阻、食欲差、贫血、羽毛生长不良、肌营养不良、产蛋率和种蛋孵化率下降等。鸭对铜的需要量为 6～10 毫克/千克体重。

（4）锰　锰与磷、钙代谢，骨骼生长、造血、免疫及繁殖有关。锰主要存在于鸭的血液、肝脏中。缺锰时，关节肿大，骨骼短粗（滑腱症），蛋壳薄、脆，种蛋受精率、孵化率低，胚胎畸形、毛短硬或无毛，出壳前 1～2 天死亡。每千克日粮中锰的含量以 40～100 毫克为宜。

（5）锌　锌有助于锰、铜的吸收，参与酶系统的功能发挥，与骨骼、羽毛的生长发育有关。雏鸭缺锌时，饮水与采食量减少，生长迟缓，羽毛碎乱而卷曲，皮屑增多；生长鸭缺锌时表现为严重皮炎，骨发育异常；产蛋鸭则表现卵巢、输卵管发育不良，产蛋量和蛋壳品质下降。锌过量时，鸭精神沉郁，羽毛蓬乱，肝脏、肾脏及脾脏肿大，肌胃角质层变脆甚至糜烂，生长减慢；母鸭卵巢及输卵管萎缩，产蛋率下降，饲料转化率降低。每千克日粮中锌的含量以 60～100 毫克为宜。

【提示】

家禽饲料中锌的含量较低，而且由于饲料纤维和植酸的存在使锌的利用率不高，不能满足鸭生长发育的需要。

（6）硒　鸭缺硒时会出现渗出性素质，腹下皮肤呈蓝绿色，腹腔积液，心肌损伤，心包积液，肌营养不良，严重时发生白肌病，以骨骼肌和心肌最常见；但硒过量时也会引起中毒。一般日粮中的硒常用亚硒酸钠和酵母硒补充，每千克日粮中硒的含量以0.1~0.15毫克为宜。

【提示】

添加有机硒对蛋鸭生产性能无显著影响，但鸭蛋硒含量随有机硒添加量增加而显著提高。在每千克日粮中添加1.85毫克的有机硒，可生产符合标准的富硒鸭蛋。

（7）镁　雏鸭缺镁时，生长缓慢，严重时停止生长，呈昏睡状态，有短暂的痉挛，有时致死；产蛋鸭镁不足则产蛋量下降。但高镁日粮也不利于鸭生产，可引起鸭腹泻，采食量下降，生长受抑，骨化作用受到阻碍，运动失调等。母鸭日粮中镁含量超过1%时产蛋率下降，蛋壳变薄。每千克日粮含镁500~600毫克可满足各龄鸭生长、生产和繁殖的需要。鸭日粮中一般不用添加镁，缺镁时可在饲料中添加硫酸镁、氯化镁或碳酸镁。

（8）硫　鸭体内的大部分硫存在于肌肉组织和骨骼中，皮肤和羽毛含硫量也较高。硫主要是通过体内的含硫有机物起作用，如含硫氨基酸合成体蛋白、羽毛及多种激素。维生素 B_1（硫胺素）参与碳水化合物代谢。鸭缺硫易发生啄癖，食欲降低，产蛋率下降，蛋重减轻。若日粮中硫含量低时，可通过添加蛋氨酸、硫酸钠的形式补充。

四、鸭对维生素的需要

维生素是维持鸭生长发育及体内正常代谢活动所必需的一类微量物质，可以调节机体代谢和碳水化合物、脂肪、蛋白质代谢。但需要量极少，常以毫克、微克计。当某种维生素不能满足机体正常生理需要时，鸭就会表现出维生素缺乏症。鸭所需要的维生素按其溶解性可分为脂溶性维生素和水溶性维生素两大类。脂溶性维生素必须溶于脂肪中才能被吸收，主要包括维生素A、维生素D、维生素E和维生素K。水溶性维生素可溶于水中被吸收，包括B族维生素和维生素C（表2-2）。

表 2-2　主要维生素的作用、常见缺乏症及一般需要量

名称	主要作用	常见缺乏症	一般需要量
维生素 A	维持正常视觉和上皮组织的完整，促进骨骼发育，增强机体免疫力和抗病力	夜盲症，眼干燥症，生长发育受阻	2500～4000 国际单位/千克饲料
维生素 D	调节钙、磷代谢和骨骼发育	生长发育不良，佝偻病，骨软症	2000 国际单位/千克饲料
维生素 E	维持生物膜的正常结构和功能，维持正常的生殖机能、肌肉和外周血管正常的生理状态	渗出性素质，肌营养不良，脑软化	10～20 国际单位/千克饲料
维生素 K	促进肝脏合成凝血酶原，参与凝血	皮下、肌肉和胃肠道出血，凝血时间延长	2.0 毫克/千克饲料
维生素 B_1（硫胺素）	参与碳水化合物代谢，参与脂肪酸、胆固醇等的合成	食欲下降，生长不良，羽毛蓬乱，神经症状	1.5～2.0 毫克/千克饲料
维生素 B_2（核黄素）	细胞内黄酶（含有维生素 B_2 的氧化还原酶）的成分，直接参与蛋白质、脂肪和核酸的代谢	足跟关节肿胀，趾向内弯曲成拳状，腿部麻痹。种鸭产蛋率、种蛋受精率和孵化率下降	10 毫克/千克饲料
泛酸（维生素 B_3）	参与体内碳水化合物、脂肪和蛋白质的代谢	生长受阻，羽毛生长发育不良，食欲下降，鼻炎，脚皮增厚、角质化	10～20 毫克/千克饲料
烟酸（维生素 PP）	主要以辅酶的形式参与机体代谢，参与糖类、脂肪和蛋白质的代谢	癞皮病、角膜炎、神经和消化系统的障碍等	50 毫克/千克饲料
维生素 B_{12}	参与核酸和蛋白质合成，促进红细胞发育，维持神经系统完整	生长停滞，饲料转化率下降，贫血，腿关节肿大	10 微克/千克饲料
维生素 B_6（吡哆醇）	形成转氨酶、脱羧酶的辅酶，直接参与含硫氨基酸和色氨酸的正常代谢	眼睑水肿鼓起，眼闭合，羽毛粗糙、脱落	3.0～4.0 毫克/千克饲料

（续）

名称	主要作用	常见缺乏症	一般需要量
叶酸（维生素 B_{11}）	参与核酸、蛋白质的合成及红细胞的形成	生长缓慢，羽毛稀疏且缺乏色素，贫血	1.0 毫克/千克饲料
胆碱	参与脂肪代谢，防止脂肪变性	雏鸭生长缓慢，发生曲腱病，关节肿大等	1000 毫克/千克饲料
维生素 C	参与体内生物氧化反应，抗氧化、抗应激、提高免疫力和解毒等	坏血病，皮下、肌肉、胃肠黏膜出血	100~300 毫克/千克饲料

五、鸭对水的需要

水是构成鸭的各种器官的主要成分，是生命过程不可缺少的物质。水在鸭的消化和吸收等代谢过程中起着重要作用，体温调节、呼吸、蒸发、散热等均离不开水，机体内各种生物化学反应也必须借助于水来完成。雏鸭身体含水约 70%，成年鸭身体含水 50%，蛋含水 70%。当气温高于 20℃时，鸭的饮水量开始增加，35℃时鸭的饮水量为 20℃的 1.5 倍。提高日粮中粗蛋白质水平会增加饮水量。与粉料相比，碎粒料或颗粒饲料会同时增加饮水量和采食量。采食高能饲料比采食低能饲料对水的需要量低。鸭缺水比缺饲料危害更大，饮水不足，会导致食欲减退、饲料利用率降低、生长缓慢，严重时会引起死亡。鸭的饮水量与气温和食盐含量有直接关系，气温越高、饲料中含盐量越高，饮水量越大。肉鸭每天的自由饮水量见表 2-3。

表 2-3　肉鸭每天的自由饮水量　（单位：毫升/只）

生长阶段	不同温度下的饮水量	
	20℃	32℃
1 周龄	28	50
4 周龄	120	230
8 周龄	300	600
种鸭	240	500

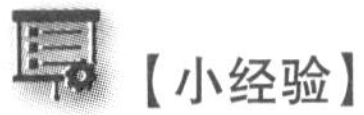

【小经验】

鸭饮水量为饲料采食量的 2~2.5 倍，天气炎热时增加到 3~4 倍。养鸭生产中，除提供洗浴用水外，还应提供充足、新鲜、清洁的饮水。饮水的质量可从感官性状（如颜色、气味、浑浊度等）、金属离子含量、微生物含量、无机非金属物（如氰化物、氯化物、硝酸盐等）等方面判断。

第二节　鸭的常用饲料原料

一、能量饲料

常用能量饲料的优缺点及用量见表 2-4。

表 2-4　常用能量饲料的优缺点及用量

饲料名称	优点	缺点	日粮占比
玉米（彩图 1）	可利用能量高，粗纤维少，消化率高，适口性好，脂肪含量高；脂肪含量高于其他谷实类饲料，且脂肪中不饱和脂肪酸含量高，因粉碎后易酸败变质，不易长期保存	蛋白质含量较低，为 7.2%~9.3%，平均为 8.6%；缺乏赖氨酸、蛋氨酸和色氨酸，钙、磷及 B 族维生素含量较低	50%~70%
稻谷（彩图 2）	营养价值只相当于玉米的 80%~85%	粗纤维含量高，能量浓度低，适口性较差，饲用价值不高	15%~20%
大麦（彩图 3）	蛋白质含量为 11%，代谢能为玉米的 77%，氨基酸中除亮氨酸和蛋氨酸外，均高于玉米，含有丰富的 B 族维生素和赖氨酸	利用率低于玉米，适口性较差，粗纤维含量高	中雏和后备母鸭为 15%~30%，蛋鸭为 10%
小麦（彩图 4）	适口性好，蛋白质含量较高，为 13%，代谢能约为玉米的 90%，B 族维生素含量丰富	赖氨酸和苏氨酸含量低，粗脂肪和粗纤维含量也较低，含胶质，磨成细粉状湿水后会结成糊状而糊口，影响采食，还会在嗉囊中形成团状物质，易滞食	10%~25%

（续）

饲料名称	优点	缺点	日粮占比
高粱（彩图5）	含淀粉量与玉米相仿，能量稍低于玉米，蛋白质含量略高于玉米	品质较差，消化率低，脂肪含量低于玉米，赖氨酸、蛋氨酸和色氨酸含量低；含有单宁，适口性差	5%～15%
糙米和碎米	能量浓度和蛋白质含量与玉米相近，易消化	维生素含量低、氨基酸不平衡	30%～50%
小麦麸（彩图6）	蛋白质含量高，达12.5%～17%，粗脂肪含量高，各种氨基酸均好于玉米，营养成分较为均衡，富含B族维生素，适口性好，有轻泻作用	苏氨酸含量低，粗纤维含量偏高，含钙少	3%～20%
油脂	植物油代谢能为34.3～36.8兆焦/千克，动物脂肪为29.7～35.6兆焦/千克	易导致体重超标	1%～2%

注：块根、块茎及瓜果类包括马铃薯、甘薯、木薯、胡萝卜、甜菜、南瓜等，含水量均在70%以上，饲用与保存都不方便，故加工晒干再粉碎后应用。块根、块茎含淀粉多，含蛋白质少，含矿物质少。黄色的块根、块茎含胡萝卜素较多，B族维生素含量大致与谷实类相同。

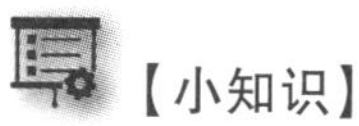

【小知识】

能量饲料的主要成分是碳水化合物，用于提供鸭所需的能量。粗纤维含量低于18%，粗蛋白质含量低于20%，包括谷实类、糠麸类、块根块茎类和糟渣类等，是鸭用量最多的一类饲料，占日粮的50%～80%。

二、蛋白质饲料

1. 植物性蛋白质饲料

常用植物性蛋白质饲料的优缺点及用量见表2-5。

【小知识】

植物性蛋白质饲料中以大豆饼（粕）最好，菜籽饼（粕）和棉籽饼（粕）含有有毒物，用前需脱毒处理，严格限制用量；花生饼（粕）易被黄曲霉菌污染，造成黄曲霉毒素中毒，应妥善保管。

表 2-5　常用植物性蛋白质饲料的优缺点及用量

饲料名称	优点	缺点	日粮占比
豆饼（粕）（彩图 7）	蛋白质含量高，为 40%～48%，赖氨酸和 B 族维生素含量丰富	缺少维生素 A 和维生素 D，含钙量也不足；生大豆含有抗胰蛋白酶，影响营养物质的消化吸收	10%～30%
花生饼（粕）（彩图 8）	蛋白质含量为 40%～48%，适口性好，维生素 B_1、烟酸、泛酸含量高	脂肪含量偏高，易发生霉变，产生黄曲霉毒素	<4%
菜籽饼（粕）（彩图 9）	蛋白质含量为 35%～38%，介于大豆饼（粕）与棉籽饼（粕）之间，富含蛋氨酸	赖氨酸、精氨酸含量低；含有植酸、硫代葡萄糖苷、芥子酶及单宁，会产生有毒物质，需经去毒才能作为鸭饲料	5%
棉籽饼（粕）（彩图 10）	蛋白质含量为 33%～44%	赖氨酸不足，蛋氨酸含量也低，精氨酸含量过高，且含游离棉酚等有毒成分	3% ～ 7%，产蛋高峰时为 9%以下
向日葵仁饼（粕）	蛋白质含量为 40%左右，粗脂肪含量不超过 5%，蛋氨酸含量高于大豆饼（粕）	粗纤维常在 13%左右，赖氨酸含量不足	3%～5%
芝麻饼（粕）（彩图 11）	蛋白质含量为 40%左右，蛋氨酸含量特别高	赖氨酸含量不足，精氨酸含量过高	<10%
亚麻仁饼（粕）	蛋白质含量为 33%～36%，精氨酸含量很高	适口性差、代谢能低，赖氨酸含量不足，蛋氨酸含量也较低，温水浸泡可产生氢氰酸	生长鸭和母鸭为 5%～10%

2. 动物性蛋白质饲料

常用动物性蛋白质饲料的优缺点及用量见表 2-6。

表 2-6　常用动物性蛋白质饲料的优缺点及用量

饲料名称	优点	缺点	日粮占比
鱼粉（彩图 12）	蛋白质含量高，为 50%～65%，粗脂肪含量为 4%～10%，富含赖氨酸、蛋氨酸、色氨酸及 B 族维生素，食盐含量高，钙、磷含量丰富，比例适宜	精氨酸含量较少，国产鱼粉盐的含量偏高，易受沙门菌污染	10%～12%（国产），5%~7%（进口）
肉骨粉（彩图 13）	蛋白质含量为 50%～60%，钙、磷和赖氨酸含量较高，且比例适当，富含 B 族维生素，含有大量的钙、磷和锰	蛋氨酸和色氨酸含量低，粗脂肪含量较高，易腐败变质	雏鸭为 5%以下，成年鸭为 5%～10%
蚕蛹（彩图 14）	蛋白质含量高，为 60%左右，蛋氨酸、赖氨酸和色氨酸含量较高	脂肪高，精氨酸含量较低，有腥臭味，多喂会影响产品味道；1 月龄内的雏鸭不宜使用，易引起腹泻	1 月龄以上鸭为 10%，产蛋鸭为 15%
血粉	蛋白质含量为 80%以上，富含赖氨酸、精氨酸和铁	有腥味，黏性大，会黏着鸭喙，影响采食，适口性差，氨基酸不平衡	不超过 4%
羽毛粉（彩图 15）	蛋白质含量高，达 80%以上，胱氨酸含量高，异亮氨酸次之	蛋氨酸、赖氨酸、组氨酸、色氨酸含量均低，氨基酸比例极不平衡	不超过 5%

【小知识】

动物性蛋白质饲料具有极其丰富的营养成分，包括粗蛋白质、碳水化合物、矿物质、维生素等，其中粗蛋白质在所有成分中含量最高，一般可达 50%左右，其生物学营养价值和利用价值均较高。

三、矿物质饲料

常用矿物质饲料的优缺点及用量见表 2-7。

表 2-7　常用矿物质饲料的优缺点及用量

饲料名称	优点	缺点	日粮占比
贝壳粉（彩图 16）	含有 94%的碳酸钙（38%的钙），可加工成粒状和粉状两种。粗细各半混用，补钙效果更佳	吸收率低	雏鸭为 1%，成年鸭为 5%~7%
肉骨粉	钙、磷含量丰富，分别约为 32%和 14%，比例适当	品质差异较大	1%~3%
石粉（彩图 17）	含钙量高，高达 38%，价格低廉	注意铅、汞、砷和氟的含量，不能超过安全范围	生长鸭为 0.5%~1%，产蛋鸭为 4%~8.5%
磷酸氢钙（彩图 18）	含钙 23.2%，含磷 18.5%	注意含氟量不能超过 0.2%	2%~3%
食盐	钠和氯的来源，植物性饲料缺钠和氯，必须额外补充	用量过大时易中毒	0.3%~0.37%

【提示】

使用矿物质饲料应遵守以下原则：以饲养标准为依据并根据具体情况酌情调整；要选择有保障、有信誉的产品，控制矿物质元素的用量，避免产生不良作用；注意矿物质的存在形式，经折算后有效利用。

四、维生素饲料

维生素是人和动物生存必不可少的一种微量营养物质。除几种维生素在体内可以少量合成外，绝大多数维生素必须从饲料中摄取，而不同种动物和同种动物的不同生长、生产阶段，维生素的需要量也不同。因此，必须合理设计维生素的添加量，以满足不同动物的生长需要。鸭的日粮中必须添加维生素，目前应用较多的是禽用多种维生素添加剂。此外，各种牧草、青绿饲料和干草粉，也含有丰富的维生素，是很好的维生素饲料。因此，在不使用维生素添加剂时，可喂些青绿饲料。

青绿饲料包括幼嫩的栽培牧草（如紫花苜蓿、三叶草等）、蔬菜类（白菜、萝卜等）、野草和水生饲料。它们含有丰富的维生素、矿物质，蛋白质含量中等，易于利用；粗纤维含量较高。适量使用，有助于防止鸭啄癖；在蛋鸭饲养中只能作为辅助饲料使用，其用量应当严格控制；一般用量占精饲料量的20%~30%。用前应经切碎或打浆处理，以提高其适口性和消化率。

【小知识】

我国传统养鸭都是以青饲料补充维生素的不足，规模化鸭场主要通过使用维生素添加剂，包括人工合成的各种单项维生素及复合维生素。

五、饲料添加剂

饲料添加剂能提高饲料利用率，完善饲料营养价值，促进鸭产蛋、促生长和防治疾病，减少饲料在贮存期的营养物质损失，提高适口性，增进食欲，改进产品品质等。

1. 营养性添加剂

（1）微量元素添加剂 微量元素添加剂主要用于补充饲料中微量元素的不足，有单一或复合微量元素添加剂两类。一般饲料中的含量不计，常用无机盐以添加剂的形式补充于饲料中。常用的微量元素添加剂见表2-8。

表2-8 常用的微量元素添加剂

微量元素名称	添加剂名称	微量元素名称	添加剂名称
钠	氯化钠、硫酸钠、磷酸二氢钠	锰	氯化锰、氧化锰、硫酸锰、碳酸锰
镁	硫酸镁、氧化镁、氯化镁	碘	碘化钾、碘化钠、碘酸钾

（续）

微量元素名称	添加剂名称	微量元素名称	添加剂名称
铜	氯化铜、硫酸铜	钴	氯化钴
锌	氧化锌、氯化锌、碳酸锌、硫酸锌	硒	亚硒酸钠
铁	柠檬酸亚铁、富马酸亚铁、乳酸亚铁、硫酸亚铁、氯化亚铁、氯化铁		

（2）氨基酸添加剂　此类添加剂主要有DL-蛋氨酸、L-赖氨酸及其硫酸盐或盐酸盐、L-苏氨酸、L-色氨酸、L-精氨酸、甘氨酸和L-酪氨酸等添加剂。配合饲料时，根据鸭的饲养标准及饲料中的氨基酸含量，利用人工合成的氨基酸来补充鸭的营养需要，从而提高饲料蛋白质的营养价值，减少饲料浪费，提高经济效益。一般鸭的日粮中氨基酸添加量为0.7%~1.2%。

（3）维生素添加剂　此类添加剂主要用来补充饲料中维生素的不足，可根据饲养标准和产品说明添加。具体应用时，还要根据日粮组成、饲养方式、鸭的日龄、健康状况、应激与否等适当添加。用量通常占配合饲料的0.1%，加辅料时用量占配合饲料的0.5%~1.0%。

【提示】

目前维生素制剂有单一制剂和复合制剂两类，应用时可根据实际情况来选择。由于维生素的检测和品质判断较为复杂，因此，应选用信誉较好的专业厂家生产的产品。

2. 非营养性添加剂

（1）防霉剂　防霉剂能降低饲料中霉菌数量，抑制霉菌毒素产生，预防饲料贮存期间营养成分的流失，防止饲料霉变并延长贮存时间。一般而言，饲料水分含量超过12%时必须使用防霉剂。目前，常用的防霉剂有化学防霉剂、复合防霉剂、中草药防霉剂三类。

1）化学防霉剂。化学防霉剂包括丙酸及其盐类、双乙酸钠、山梨酸、山梨酸钾、苯甲酸、富马酸、富马酸二甲酯等。其中，丙酸及其盐类（丙酸钠、丙酸钙、丙酸铵和二丙酸）无毒性，对各类霉菌、芽孢杆菌及革兰阴性菌有较强的抑制作用，是目前国内外使用最广泛的防霉剂。一般丙酸的添加量为 0.3%，丙酸钙的添加量为 0.2%～0.5%。有机酸防霉效果较好，但腐蚀性大，而有机酸盐腐蚀性小，但防霉效果较有机酸差。

2）复合防霉剂。复合防霉剂由多种有机酸防霉剂按一定比例配合而成，既能保持有机酸原有的抑菌功效，又能消除或降低有机酸的腐蚀性与刺激性，使用效果优于单一型防霉剂，如复合型丙酸盐的防霉效果就优于单一型丙酸钙。由丙酸铵、乙酸、富马酸、山梨酸等多种有机酸组成的复合型防霉剂具有很好的防霉效果。

3）中草药防霉剂。中草药防霉剂的作用主要通过抑制霉菌的生长和繁殖来实现，且长期使用无残留、无耐药性、毒副作用小，还可增强机体免疫功能，如黄檗、土槿皮、白鲜皮防霉效果与丙酸钙效果相当；黄芩、橘子皮、花椒、苦参、藿香、艾叶、大蒜及其提取物、杜仲及其提取物抗抑菌能力强，也具有较好的防霉作用。

（2）脱霉剂 脱霉剂是能够消除饲料中霉菌毒素的添加剂。目前应用最广泛的是霉菌毒素吸附剂，它是利用某些物质特殊的物理结构和性质，与霉菌毒素形成稳定的复合物，在体内不被吸收，而是直接排出体外。脱霉剂主要有硅铝酸盐类脱霉剂和酵母细胞壁类脱霉剂。

1）硅铝酸盐类脱霉剂。硅铝酸盐具有较大的比表面积和离子吸附能力，对霉菌毒素有选择性吸附能力，常用的有沸石、蒙脱石、膨润土、硅藻土、高岭土等。蒙脱石是目前最常用的饲料脱霉剂，对黄曲霉毒素的吸附能力为 100%，添加量为 0.1%～0.5%。用纳米蒙脱石改善被黄曲霉毒素污染的饲料，可显著降低黄曲霉毒素 B_1 在机体内的残留，明显改善生长性能。天然的硅铝酸盐类吸附效率低，且在脱霉过程中会吸附氨基酸、维生素等营养物质。经过改性处理后的硅铝酸盐，可提高对霉菌毒素的选择性吸附能力，减少对营养物质的吸附，如水合铝硅酸钠钙对黄曲霉毒素 B_1 有较好的选择性吸附能力，饲料中添加 0.5%水合铝硅酸钠钙即可吸附 95.3%～99.1%的黄曲霉

毒素 B_1 和 84.7%~92.4%的烟曲霉菌毒素 B_1。

2）酵母细胞壁类脱霉剂。酵母细胞壁的葡聚糖、甘露聚糖、几丁质和蛋白质，通过氢键、离子键和疏水作用力对霉菌毒素产生吸附力，从而减少毒素在肠道的吸收。葡聚糖的分子结构呈特殊的螺旋形，可与多种霉菌毒素形成特异的互补结构，从而与多种霉菌毒素牢牢地结合，通过肠道排出体外。葡聚糖还可激活酚氧化酶，该酶可特异性降解饲料中的霉菌毒素，起到降低毒素含量和分解毒素的作用。酵母细胞壁在防止动物霉菌毒素中毒方面，以其添加量少、作用显著及结合霉菌毒素的范围广等特点引起人们的广泛重视。研究表明，酵母细胞壁可以吸附 2.7 毫克/克玉米赤霉烯酮，并且这种吸附平衡可以在 10 分钟内达到。但酵母细胞壁类脱霉剂价格较为昂贵。

【注意】

目前市场上的脱霉剂种类繁多，不同种类的脱霉剂成分不同，作用机理也不同，因而对毒素的效力和敏感性不同，但无论是哪种脱霉剂，都不能脱掉饲料中的全部毒素，未被脱掉的毒素在肝脏中蓄积可能会引起鸭中毒。因此，可在饲料中加入保肝利胆类物质，加强毒素代谢排出。

某些中草药如茯苓、柴胡、白术、黄芪、甘草、党参、五味子、决明子等可通过增强肠道功能减少对霉菌毒素的吸收，或通过提高肝脏解毒能力和肾脏排毒能力来达到较好的脱毒效果。

（3）抗氧化剂　此类添加剂包括二丁基羟基甲苯（BHT）、丁基羟基茴香醚（BHA）、乙氧基喹啉、没食子酸丙酯等，可以防止脂溶性维生素和脂肪因被氧化而酸败，一般添加量为 0.01%~0.05%。

（4）酶制剂　此类添加剂包括消化酶类和非消化酶类。消化酶主要有淀粉酶、脱支酶、蛋白酶、脂肪酶等，用于补充鸭自身消化酶分泌不足；非消化酶以纤维素酶、半纤维素酶、植酸酶等为主，能促使饲料中某些营养物质或抗营养因子降解。除植酸酶外，主要以复合酶制剂的形式应用。复合酶制剂通常以纤维素酶、木聚糖酶和 β-葡聚糖酶为主。

（5）多糖和寡糖类　此类添加剂包括低聚木糖、低聚壳聚糖、甘露寡糖、果寡糖等，可以提高对营养物质的利用率，改善肠道菌群平衡。据报道，在樱桃谷鸭日粮中添加0.1%甘露寡糖可使肉鸭期末体重提高5.96%，平均日增重提高6.65%，干物质、粗灰分、粗蛋白质的利用率分别提高9.21%、22.09%、10.64%，盲肠乳酸杆菌数量显著升高，大肠杆菌数量和pH显著降低。

（6）微生态制剂　微生态制剂是利用正常微生物或促进微生物生长的物质制成的活的微生物制剂。具有调节肠道微生物菌群，快速构建肠道微生态平衡的功效，能明显改善鸭生产性能、免疫器官指数、血液生化指标、肠道菌群及组织学结构完整性。常用的微生态制剂有地衣芽孢杆菌、枯草芽孢杆菌、乳酸杆菌、纳豆芽孢杆菌、两歧双歧杆菌、粪肠球菌、屎肠球菌、乳酸肠球菌、嗜酸乳杆菌等。

（7）中药添加剂　中药添加剂即把我国传统中草药的物性、物味和中兽医理论有机结合，在饲料中添加一些具有益气健脾、消食开胃、补气养血、滋阴生津、镇静安神等扶正祛邪和调节阴阳平衡作用的中草药。如苍术、黄柏、生石膏、藿香、木香、党参、山楂、板蓝根（按照4：4：4：4：3：3：3：2的质量比例混合）按0.2%的比例混饲，不仅能够显著提高北京鸭的生长性能、屠宰性能及机体免疫力，还能改善鸭肉品质。

【注意】

根据农业农村部文件，自2020年1月1日起，退出除中药外的所有促生长类药物饲料添加剂品种。自2020年7月1日起，饲料生产企业停止生产含有促生长类药物饲料添加剂（中药类除外）的商品饲料。

（8）着色剂　此类添加剂包括β-胡萝卜素、辣椒红、β-阿朴-8-胡萝卜素醛、叶黄素、天然叶黄素、角黄素、柠檬黄、虾青素及万寿菊提取物等。天然着色剂的广泛应用可使鸭蛋黄增色2~4级，显著改善蛋的品质与风味，并且饲用类胡萝卜素中角黄素、柠檬黄、虾青素对鸭蛋黄的着色效率是可以测定的。

（9）其他 此类添加剂包括大蒜素、啤酒酵母培养物、啤酒酵母提取物、啤酒酵母细胞壁、糖萜素等。

【注意】

饲料添加剂用量极少，用时必须混合均匀，否则易发生营养缺乏或因采食过量而中毒。应存放在干燥、阴凉、避光处，且开包后尽快用完。

第三章
鸭的饲养标准及饲料配方设计方法

第一节　鸭的饲养标准

一、蛋鸭的饲养标准

饲养标准是根据蛋鸭的品种、性别、年龄、体重、生理状态、生产目的与生产水平等，科学地规定每只蛋鸭每天应供给的能量和各种营养物质的数量。目前，我国不同品种、不同饲养阶段的蛋鸭饲料代谢能数据库有待进一步完善，而以蛋鸭代谢能、净能为基础的能量代谢研究尚未系统开展。生产中应用的标准主要有三种：一是国内外相关标准和科研机构建议的产蛋鸭营养需要量；二是种鸭场自己制定的企业标准；三是养殖场根据自己的实践经验制定的营养需要量。

（1）我国 GB/T 41189—2021《蛋鸭营养需要量》　蛋鸭营养需要量见表 3-1 和表 3-2。

表 3-1　小型蛋鸭营养需要量（GB/T 41189—2021《蛋鸭营养需要量》）

项目	0 周龄~5%产蛋率阶段			产蛋阶段		
	0~4 周龄	5~12 周龄	13 周龄~5%产蛋率	初期（5%<产蛋率<80%）	高峰期（产蛋率≥80%）	后期（产蛋率<80%）
代谢能/(兆焦/千克)	11.72	10.88	10.88	10.46	10.46	10.46
粗蛋白质（%）	18.5	16.0	14.0	16.0	16.5	17.0
赖氨酸（%）	1.00	0.85	0.70	0.80	0.85	0.88
蛋氨酸（%）	0.42	0.40	0.30	0.40	0.40	0.41
蛋氨酸+胱氨酸（%）	0.76	0.68	0.56	0.68	0.68	0.70

（续）

项目	0周龄~5%产蛋率阶段			产蛋阶段		
	0~4周龄	5~12周龄	13周龄~5%产蛋率	初期（5%<产蛋率<80%）	高峰期（产蛋率≥80%）	后期（产蛋率<80%）
苏氨酸（%）	0.70	0.60	0.53	0.60	0.55	0.57
色氨酸（%）	0.20	0.18	0.16	0.19	0.20	0.21
异亮氨酸（%）	0.64	0.55	0.48	0.63	0.65	0.67
精氨酸（%）	0.90	0.80	0.70	0.87	0.90	0.93
总钙（%）	0.90	0.85	0.80	3.00	3.60	3.80
总磷（%）	0.66	0.60	0.55	0.50	0.55	0.58
非植酸磷（%）	0.40	0.38	0.35	0.30	0.35	0.37
钾（%）	0.25	0.25	0.25	0.25	0.25	0.25
钠（%）	0.16	0.15	0.15	0.20	0.20	0.20
氯（%）	0.14	0.14	0.14	0.20	0.20	0.20
铁/(毫克/千克)	60	60	60	50	50	50
铜/(毫克/千克)	8	8	8	15	20	20
锰/(毫克/千克)	80	80	80	70	70	70
锌/(毫克/千克)	60	60	60	70	70	70
碘/(毫克/千克)	0.20	0.20	0.20	0.40	0.40	0.40
硒/(毫克/千克)	0.20	0.20	0.20	0.25	0.30	0.30
维生素A/(国际单位/千克)	4000	4000	4000	7500	7500	7500
维生素D_3/(国际单位/千克)	1500	1500	1500	2500	2500	3000
维生素E/(国际单位/千克)	15	15	15	20	20	20
维生素K/(毫克/千克)	2.0	2.0	2.0	2.5	2.5	2.5
维生素B_1/(毫克/千克)	2.0	1.5	1.5	3.0	3.0	3.0
维生素B_2/(毫克/千克)	8.0	8.0	8.0	6.0	6.0	6.0
烟酸/(毫克/千克)	50	30	30	27	27	27

（续）

项目	0周龄~5%产蛋率阶段			产蛋阶段		
	0~4周龄	5~12周龄	13周龄~5%产蛋率	初期（5%<产蛋率<80%）	高峰期（产蛋率≥80%）	后期（产蛋率<80%）
泛酸/（毫克/千克）	10	10	10	20	20	20
维生素 B_6/（毫克/千克）	2.5	2.5	2.5	2.5	2.5	2.5
生物素/（毫克/千克）	0.20	0.20	0.20	0.10	0.20	0.20
叶酸/（毫克/千克）	1.0	1.0	1.0	1.0	1.0	1.0
维生素 B_{12}/（毫克/千克）	0.02	0.02	0.02	0.02	0.02	0.02
胆碱/（毫克/千克）	1000	1000	1000	600	600	600

表 3-2　中型蛋鸭营养需要量（GB/T 41189—2021《蛋鸭营养需要量》）

项目	0周龄~5%产蛋率阶段			产蛋阶段		
	0~4周龄	5~12周龄	13周龄~5%产蛋率	初期（5%<产蛋率<80%）	高峰期（产蛋率≥80%）	后期（产蛋率<80%）
代谢能/（兆焦/千克）	11.9	11.3	11.3	10.67	10.67	10.67
粗蛋白质（%）	19.0	16.0	14.0	16.5	17.0	17.5
赖氨酸（%）	1.01	0.85	0.75	0.87	0.90	0.93
蛋氨酸（%）	0.45	0.40	0.30	0.40	0.40	0.41
蛋氨酸+胱氨酸（%）	0.78	0.68	0.56	0.68	0.69	0.70
苏氨酸（%）	0.71	0.60	0.53	0.63	0.65	0.67
色氨酸（%）	0.21	0.18	0.16	0.19	0.20	0.21
异亮氨酸（%）	0.65	0.55	0.48	0.63	0.65	0.67
精氨酸（%）	0.92	0.80	0.70	0.87	0.90	0.93
总钙（%）	0.90	0.85	0.80	3.00	3.60	3.80
总磷（%）	0.65	0.60	0.55	0.48	0.57	0.57
非植酸磷（%）	0.42	0.38	0.35	0.29	0.35	0.37

（续）

项目	0周龄~5%产蛋率阶段			产蛋阶段		
	0~4周龄	5~12周龄	13周龄~5%产蛋率	初期（5%<产蛋率<80%）	高峰期（产蛋率≥80%）	后期（产蛋率<80%）
钾（%）	0.25	0.25	0.25	0.25	0.25	0.25
钠（%）	0.15	0.15	0.15	0.22	0.22	0.22
氯（%）	0.12	0.12	0.12	0.22	0.22	0.22
铁/(毫克/千克)	60	60	60	50	50	50
铜/(毫克/千克)	8	8	8	15	20	20
锰/(毫克/千克)	80	100	100	82	82	82
锌/(毫克/千克)	60	60	60	67	65	65
碘/(毫克/千克)	0.40	0.30	0.30	0.40	0.40	0.40
硒/(毫克/千克)	0.20	0.20	0.20	0.25	0.25	0.25
维生素A/(国际单位/千克)	5000	5000	5000	8000	8000	8000
维生素 D_3/(国际单位/千克)	2000	2000	1500	2500	2500	3000
维生素E/(国际单位/千克)	20	20	20	20	20	20
维生素K/(毫克/千克)	2.0	2.0	2.0	2.5	2.5	2.5
维生素 B_1/(毫克/千克)	2.0	1.5	1.5	3.0	3.0	3.0
维生素 B_2/(毫克/千克)	10.0	9.0	9.0	6.0	6.0	6.0
烟酸/(毫克/千克)	50	30	30	27	27	27
泛酸/(毫克/千克)	10	10	10	20	20	20
维生素 B_6/(毫克/千克)	2.5	2.5	2.5	2.5	2.5	2.5
生物素/(毫克/千克)	0.20	0.20	0.20	0.10	0.20	0.20
叶酸/(毫克/千克)	1.0	1.0	1.0	1.0	1.0	1.0
维生素 B_{12}/(毫克/千克)	0.02	0.02	0.02	0.02	0.02	0.02
胆碱/(毫克/千克)	1000	1000	1000	600	600	600

（2）金定鸭营养需要量　金定鸭营养需要量见表 3-3。

表 3-3　金定鸭营养需要量

营养指标	育雏期	育成期	产蛋期
代谢能/(兆焦/千克)	11.50	10.65	11.50
粗蛋白质（%）	20.5	15.0	18.5
赖氨酸（%）	0.9	0.8	0.9
蛋氨酸（%）	0.40	0.30	0.30
蛋氨酸+胱氨酸（%）	0.60	0.50	0.70
色氨酸（%）	0.28	0.25	0.28
钙（%）	0.9~1.0	0.5~0.6	3.2~3.4
有效磷（%）	0.60	0.55	0.60

（3）绍兴鸭营养需要量（NY/T 827—2004《绍兴鸭饲养技术规程》）　绍兴鸭营养需要量见表 3-4。

表 3-4　绍兴鸭营养需要量

营养指标	0~4 周龄	5 周龄至开产	产蛋鸭或种鸭
代谢能/(兆焦/千克)	11.7	10.80	11.41
粗蛋白质（%）	19.5	16.0	18.0
赖氨酸（%）	1.0	0.7	0.9
蛋氨酸（%）	0.40	0.30	0.40
蛋氨酸+胱氨酸（%）	0.70	0.60	0.70
色氨酸（%）	0.24	0.22	0.24
精氨酸（%）	1.1	0.7	1.0
亮氨酸（%）	1.60	1.12	1.09
异亮氨酸（%）	0.69	0.46	0.62
苯丙氨酸（%）	0.84	0.54	0.51

（续）

营养指标	0~4 周龄	5 周龄至开产	产蛋鸭或种鸭
苯丙氨酸+酪氨酸（%）	1.43	0.94	0.97
苏氨酸（%）	0.69	0.48	0.56
缬氨酸（%）	0.91	0.63	0.75
组氨酸（%）	0.43	0.31	0.24
甘氨酸（%）	1.14	0.88	0.85
钙（%）	0.9	0.8	3.0
总磷（%）	0.6	0.5	0.6
有效磷（%）	0.4	0.35	0.4
食盐（%）	0.37	0.37	0.37
镁/(毫克/千克)	600	600	600
铜/(毫克/千克)	8	8	8
锌/(毫克/千克)	60	60	60
锰/(毫克/千克)	80	80	85
碘/(毫克/千克)	0.45	0.45	0.45
铁/(毫克/千克)	96	96	96
硒/(毫克/千克)	0.15	0.15	0.15
维生素 A/(国际单位/千克)	3000	2500	4000
维生素 D_3/(国际单位/千克)	600	500	900
维生素 E/(国际单位/千克)	8	8	8
维生素 K/(毫克/千克)	2	2	2
维生素 B_1/(毫克/千克)	3	3	3
维生素 B_2/(毫克/千克)	5	5	5
泛酸/(毫克/千克)	11	11	11

（续）

营养指标	0~4周龄	5周龄至开产	产蛋鸭或种鸭
烟酸/(毫克/千克)	60	55	55
维生素 B_6/(毫克/千克)	3	3	3
生物素/(毫克/千克)	0.10	0.10	0.20
叶酸/(毫克/千克)	1.0	1.0	1.5
维生素 B_{12}/(毫克/千克)	0.02	0.02	0.02
胆碱/(毫克/千克)	1650	1400	1000

（4）蛋鸭营养需要量（中国农业科学院畜牧研究所、浙江农业科学院畜牧兽医研究所） 见表3-5。

表3-5　蛋鸭营养需要量

营养指标	育雏期 0~4周龄	生长期 5~8周龄	育成期 9~19周龄	产蛋前期 20~23周龄	产蛋期 24~70周龄
代谢能/(兆焦/千克)	12.12	11.70	10.87	11.29	10.87
粗蛋白质（%）	19.5	17.5	15.0	17.5	18.5
赖氨酸（%）	1.10	0.85	0.65	0.72	0.76
蛋氨酸（%）	0.45	0.35	0.35	0.40	0.40
蛋氨酸+胱氨酸（%）	0.80	0.68	0.60	0.65	0.70
苏氨酸（%）	0.70	0.55	0.45	0.55	0.58
色氨酸（%）	0.22	0.18	0.16	0.18	0.18
钙（%）	0.90	0.85	0.85	2.00	3.20
总磷（%）	0.65	0.60	0.55	0.55	0.60
非植酸磷（%）	0.42	0.38	0.35	0.37	0.37
食盐（%）	0.3	0.3	0.3	0.3	0.3
铜/(毫克/千克)	8	8	8	8	8

（续）

营养指标	育雏期 0~4 周龄	生长期 5~8 周龄	育成期 9~19 周龄	产蛋前期 20~23 周龄	产蛋期 24~70 周龄
锌/(毫克/千克)	60	40	40	60	60
锰/(毫克/千克)	80	60	60	100	100
碘/(毫克/千克)	0.20	0.20	0.20	0.30	0.30
铁/(毫克/千克)	60	40	40	60	60
硒/(毫克/千克)	0.20	0.20	0.20	0.20	0.20
钴/(毫克/千克)	0.10	0.10	0.20	0.20	0.20
维生素 A/(国际单位/千克)	6000	4000	4000	6000	6000
维生素 D/(国际单位/千克)	1000	1000	1000	2000	2000
维生素 E/(国际单位/千克)	20	10	10	20	20
甲萘醌/(毫克/千克)	1.5	1.5	1.5	2.5	2.5
维生素 B_1/(毫克/千克)	2.0	1.5	1.5	2.0	2.0
维生素 B_2/(毫克/千克)	8	8	8	15	15
泛酸/(毫克/千克)	10	10	10	20	20
烟酸/(毫克/千克)	30	30	30	50	50
维生素 B_6/(毫克/千克)	4.0	3.0	3.0	4.0	4.0
生物素/(毫克/千克)	0.20	0.10	0.10	0.20	0.20
叶酸/(毫克/千克)	1.0	1.0	1.0	1.0	1.0
维生素 B_{12}/(毫克/千克)	0.02	0.01	0.01	0.02	0.02
胆碱/(毫克/千克)	1000	1000	1000	1500	1500

二、肉鸭的饲养标准

目前，生产中应用的肉鸭饲养标准主要有三种：一是我国农业行业标准，即 NY/T 2122—2012《肉鸭饲养标准》；二是美国 NRC 建议的北京鸭营养需要量；三是种鸭场自己制定的企业标准，如樱桃谷鸭饲养标准等。

（1）我国农业行业标准 NY/T 2122—2012《肉鸭饲养标准》 NY/T 2122—2012《肉鸭饲养标准》中肉鸭营养需要量见表 3-6~表 3-10。

表 3-6　商品代北京鸭营养需要量

营养指标	育雏期	生长期	肥育期（6~7 周龄）	
	0~2 周龄	3~5 周龄	自由采食	填饲
代谢能/(兆焦/千克)	12.14	12.14	12.35	12.56
粗蛋白质（%）	20.0	17.5	16.0	14.5
赖氨酸（%）	1.10	0.85	0.65	0.60
蛋氨酸（%）	0.45	0.40	0.35	0.30
蛋氨酸+胱氨酸（%）	0.80	0.70	0.65	0.55
色氨酸（%）	0.22	0.19	0.16	0.15
精氨酸（%）	0.95	0.85	0.70	0.70
异亮氨酸（%）	0.72	0.57	0.45	0.42
苏氨酸（%）	0.75	0.60	0.55	0.50
钙（%）	0.90	0.85	0.80	0.80
总磷（%）	0.65	0.60	0.55	0.55
非植酸磷（%）	0.42	0.40	0.35	0.35
钠/(毫克/千克)	0.15	0.15	0.15	0.15
氯/(毫克/千克)	0.12	0.12	0.12	0.12
铜/(毫克/千克)	8.0	8.0	8.0	8.0
锌/(毫克/千克)	60	60	60	60
锰/(毫克/千克)	100	100	100	100
碘/(毫克/千克)	0.40	0.40	0.30	0.30

（续）

营养指标	育雏期 0~2 周龄	生长期 3~5 周龄	肥育期（6~7 周龄）	
			自由采食	填饲
铁/(毫克/千克)	60	60	60	60
硒/(毫克/千克)	0.30	0.30	0.20	0.20
维生素 A/(国际单位/千克)	4000	3000	2500	2500
维生素 D_3/(国际单位/千克)	2000	2000	2000	2000
维生素 E/(国际单位/千克)	20	20	10	10
甲萘醌/(毫克/千克)	2.0	2.0	2.0	2.0
维生素 B_1/(毫克/千克)	2.0	1.5	1.5	1.5
维生素 B_2/(毫克/千克)	10	10	10	10
泛酸/(毫克/千克)	20	10	10	10
烟酸/(毫克/千克)	50	50	50	50
维生素 B_6/(毫克/千克)	4.0	3.0	3.0	3.0
维生素 B_{12}/(毫克/千克)	0.02	0.02	0.02	0.02
生物素/(毫克/千克)	0.15	0.15	0.15	0.15
叶酸/(毫克/千克)	1.0	1.0	1.0	1.0
胆碱/(毫克/千克)	1000	1000	1000	1000

表 3-7　北京鸭种鸭营养需要量

营养指标	育雏期 0~3 周龄	育成前期 4~8 周龄	育成后期 9~22 周龄	产蛋前期 23~26 周龄	产蛋中期 27~45 周龄	产蛋后期 46~70 周龄
代谢能/(兆焦/千克)	11.93	11.93	11.30	11.72	11.51	11.30
粗蛋白质（%）	20.0	17.5	15.0	18.0	19.0	20.0
赖氨酸（%）	1.05	0.85	0.65	0.80	0.95	1.00
蛋氨酸（%）	0.45	0.40	0.35	0.40	0.45	0.45
蛋氨酸+胱氨酸（%）	0.80	0.70	0.60	0.70	0.75	0.75
色氨酸（%）	0.22	0.18	0.16	0.20	0.20	0.22
精氨酸（%）	0.95	0.80	0.70	0.90	0.90	0.95

（续）

营养指标	育维期 0~3周龄	育成前期 4~8周龄	育成后期 9~22周龄	产蛋前期 23~26周龄	产蛋中期 27~45周龄	产蛋后期 46~70周龄
异亮氨酸（%）	0.72	0.55	0.45	0.57	0.68	0.72
苏氨酸（%）	0.75	0.60	0.50	0.60	0.65	0.70
钙（%）	0.90	0.85	0.80	2.00	3.10	3.10
总磷（%）	0.65	0.60	0.55	0.60	0.60	0.60
非植酸磷（%）	0.40	0.38	0.35	0.38	0.38	0.38
钠/（毫克/千克）	0.15	0.15	0.15	0.15	0.15	0.15
氯/（毫克/千克）	0.12	0.12	0.12	0.12	0.12	0.12
铜/（毫克/千克）	8.0	8.0	8.0	8.0	8.0	8.0
锌/（毫克/千克）	60	60	60	60	60	60
锰/（毫克/千克）	80	80	80	100	100	100
碘/（毫克/千克）	0.40	0.30	0.30	0.40	0.40	0.40
铁/（毫克/千克）	60	60	60	60	60	60
硒/（毫克/千克）	0.20	0.20	0.20	0.30	0.30	0.30
维生素A/（国际单位/千克）	6000	3000	3000	8000	8000	8000
维生素D_3/（国际单位/千克）	2000	2000	2000	3000	3000	3000
维生素E/（国际单位/千克）	20	20	10	30	30	40
甲萘醌/（毫克/千克）	2.0	1.5	1.5	2.5	2.5	2.5
维生素B_1/（毫克/千克）	2.0	1.5	1.5	2.0	2.0	2.0
维生素B_2/（毫克/千克）	10	10	10	15	15	15
泛酸/（毫克/千克）	10	10	10	20	20	20
烟酸/（毫克/千克）	50	50	50	50	60	60
维生素B_6/（毫克/千克）	4.0	3.0	3.0	4.0	4.0	4.0

（续）

营养指标	育雏期 0~3 周龄	育成前期 4~8 周龄	育成后期 9~22 周龄	产蛋前期 23~26 周龄	产蛋中期 27~45 周龄	产蛋后期 46~70 周龄
维生素 B_{12}/(毫克/千克)	0.02	0.01	0.01	0.02	0.02	0.02
生物素/(毫克/千克)	0.20	0.10	0.10	0.20	0.20	0.20
叶酸/(毫克/千克)	1.0	1.0	1.0	1.0	1.0	1.0
胆碱/(毫克/千克)	1000	1000	1000	1500	1500	1500

表 3-8　肉蛋兼用型肉鸭营养需要量

营养指标	育雏期 0~3 周龄	生长期 4~7 周龄	肥育期 8 周龄至上市
代谢能/(兆焦/千克)	12.14	11.72	12.14
粗蛋白质（%）	20.0	17.0	15.0
赖氨酸（%）	1.05	0.85	0.65
蛋氨酸（%）	0.42	0.38	0.35
蛋氨酸+胱氨酸（%）	0.78	0.70	0.60
色氨酸（%）	0.20	0.18	0.16
精氨酸（%）	0.90	0.80	0.70
异亮氨酸（%）	0.70	0.55	0.45
苏氨酸（%）	0.75	0.60	0.50
钙（%）	0.90	0.85	0.80
总磷（%）	0.65	0.60	0.55
非植酸磷（%）	0.42	0.38	0.35
钠/(毫克/千克)	0.15	0.15	0.15
氯/(毫克/千克)	0.12	0.12	0.12
铜/(毫克/千克)	8.0	8.0	8.0
锌/(毫克/千克)	40	40	40

（续）

营养指标	育雏期 0~3 周龄	生长期 4~7 周龄	肥育期 8 周龄至上市
锰/（毫克/千克）	100	100	100
碘/（毫克/千克）	0.40	0.30	0.30
铁/（毫克/千克）	60	60	60
硒/（毫克/千克）	0.20	0.20	0.20
维生素 A/（国际单位/千克）	4000	3000	2500
维生素 D_3/（国际单位/千克）	2000	2000	1000
维生素 E/（国际单位/千克）	20	20	10
甲萘醌/（毫克/千克）	2.0	2.0	2.0
维生素 B_1/（毫克/千克）	2.0	1.5	1.5
维生素 B_2/（毫克/千克）	8.0	8.0	8.0
泛酸/（毫克/千克）	10	10	10
烟酸/（毫克/千克）	50	30	30
维生素 B_6/（毫克/千克）	3.0	3.0	3.0
维生素 B_{12}/（毫克/千克）	0.02	0.02	0.02
生物素/（毫克/千克）	0.20	0.20	0.20
叶酸/（毫克/千克）、	1.0	1.0	1.0
胆碱/（毫克/千克）	1000	1000	1000

表 3-9　肉蛋兼用型肉鸭种鸭营养需要量

营养指标	育雏期 0~3 周龄	育成前期 4~7 周龄	育成后期 8~18 周龄	产蛋前期 19~22 周龄	产蛋中期 23~45 周龄	产蛋后期 46~72 周龄
代谢能/（兆焦/千克）	11.93	11.72	11.30	11.51	11.30	11.30
粗蛋白质（%）	19.5	17.0	15.0	17.0	17.0	17.5

（续）

营养指标	育雏期 0~3 周龄	育成前期 4~7 周龄	育成后期 8~18 周龄	产蛋前期 19~22 周龄	产蛋中期 23~45 周龄	产蛋后期 46~72 周龄
赖氨酸（%）	1.00	0.80	0.60	0.80	0.85	0.85
蛋氨酸（%）	0.42	0.38	0.30	0.38	0.38	0.40
蛋氨酸+胱氨酸（%）	0.78	0.70	0.55	0.68	0.70	0.72
色氨酸（%）	0.20	0.18	0.16	0.20	0.18	0.20
精氨酸（%）	0.90	0.80	0.65	0.80	0.80	0.80
异亮氨酸（%）	0.68	0.55	0.40	0.55	0.65	0.65
苏氨酸（%）	0.70	0.60	0.50	0.60	0.60	0.65
钙（%）	0.90	0.80	0.80	2.00	3.10	3.20
总磷（%）	0.60	0.60	0.55	0.60	0.60	0.60
非植酸磷（%）	0.42	0.38	0.35	0.35	0.38	0.38
钠/（毫克/千克）	0.15	0.15	0.15	0.15	0.15	0.15
氯/（毫克/千克）	0.12	0.12	0.12	0.12	0.12	0.12
铜/（毫克/千克）	8.0	8.0	8.0	8.0	8.0	8.0
锌/（毫克/千克）	40	40	40	60	60	60
锰/（毫克/千克）	100	100	80	100	100	100
碘/（毫克/千克）	0.40	0.30	0.30	0.40	0.40	0.40
铁/（毫克/千克）	60	60	60	60	60	60
硒/（毫克/千克）	0.20	0.20	0.20	0.30	0.30	0.30
维生素 A/（国际单位/千克）	4000	3000	3000	8000	8000	8000
维生素 D_3/（国际单位/千克）	2000	2000	2000	2000	2000	3000
维生素 E/（国际单位/千克）	20	10	10	20	20	20

（续）

营养指标	育雏期 0~3 周龄	育成前期 4~7 周龄	育成后期 8~18 周龄	产蛋前期 19~22 周龄	产蛋中期 23~45 周龄	产蛋后期 46~72 周龄
甲萘醌/(毫克/千克)	2.0	2.0	2.0	2.5	2.5	2.5
维生素 B_1/(毫克/千克)	2.0	1.5	1.5	2.0	2.0	2.0
维生素 B_2/(毫克/千克)	10	10	10	15	15	15
泛酸/(毫克/千克)	10	10	10	20	20	20
烟酸/(毫克/千克)	50	30	30	50	50	50
维生素 B_6/(毫克/千克)	3.0	3.0	3.0	4.0	4.0	4.0
维生素 B_{12}/(毫克/千克)	0.02	0.02	0.02	0.02	0.02	0.02
生物素/(毫克/千克)	0.20	0.20	0.10	0.20	0.20	0.20
叶酸/(毫克/千克)	1.0	1.0	1.0	1.0	1.0	1.0
胆碱/(毫克/千克)	1000	1000	1000	1500	1500	1500

表 3-10　番鸭营养需要量

营养指标	育雏期 0~3 周龄	生长期 4~8 周龄	肥育期 9 周龄至上市	种鸭育成期 9~26 周龄	种鸭产蛋期 27~65 周龄
代谢能/(兆焦/千克)	12.14	11.93	11.93	11.30	11.30
粗蛋白质（%）	20.0	17.5	15.0	14.5	18.0
赖氨酸（%）	1.05	0.80	0.65	0.60	0.80
蛋氨酸（%）	0.45	0.40	0.35	0.30	0.40
蛋氨酸+胱氨酸（%）	0.80	0.75	0.60	0.55	0.72
色氨酸（%）	0.20	0.18	0.16	0.16	0.18
精氨酸（%）	0.90	0.80	0.65	0.65	0.80
异亮氨酸（%）	0.70	0.55	0.50	0.42	0.68
苏氨酸（%）	0.75	0.60	0.45	0.45	0.60

（续）

营养指标	育雏期 0~3 周龄	生长期 4~8 周龄	肥育期 9 周龄至上市	种鸭育成期 9~26 周龄	种鸭产蛋期 27~65 周龄
钙（%）	0.90	0.85	0.80	0.80	3.30
总磷（%）	0.65	0.60	0.55	0.55	0.60
非植酸磷（%）	0.42	0.38	0.35	0.35	0.38
钠/(毫克/千克)	0.15	0.15	0.15	0.15	0.15
氯/(毫克/千克)	0.12	0.12	0.12	0.12	0.12
铜/(毫克/千克)	8.0	8.0	8.0	8.0	8.0
锌/(毫克/千克)	60	40	40	40	60
锰/(毫克/千克)	100	80	80	80	100
碘/(毫克/千克)	0.40	0.40	0.30	0.30	0.40
铁/(毫克/千克)	60	60	60	60	60
硒/(毫克/千克)	0.20	0.20	0.20	0.20	0.30
维生素 A/(国际单位/千克)	4000	3000	2500	3000	8000
维生素 D_3/(国际单位/千克)	2000	2000	1000	1000	3000
维生素 E/(国际单位/千克)	20	10	10	10	30
甲萘醌/(毫克/千克)	2.0	2.0	2.0	2.0	2.5
维生素 B_1/(毫克/千克)	2.0	1.5	1.5	1.5	2.0
维生素 B_2/(毫克/千克)	12.0	8.0	8.0	8.0	15.0
泛酸/(毫克/千克)	10	10	10	10	20
烟酸/(毫克/千克)	50	30	30	30	50
维生素 B_6/(毫克/千克)	3.0	3.0	3.0	3.0	4.0
维生素 B_{12}/(毫克/千克)	0.02	0.02	0.02	0.02	0.02
生物素/(毫克/千克)	0.20	0.10	0.10	0.10	0.20
叶酸/(毫克/千克)	1.0	1.0	1.0	1.0	1.0
胆碱/(毫克/千克)	1000	1000	1000	1000	1500

（2）美国 NRC 建议的北京鸭营养需要量　北京鸭营养需要量见表 3-11。

表 3-11　美国 NRC 建议的北京鸭营养需要量

营养指标	育雏期 0~2 周龄	生长期 3~7 周龄	种鸭
代谢能/(兆焦/千克)	12. 13	12. 55	12. 13
粗蛋白质（%）	22. 0	16. 0	15. 0
赖氨酸（%）	0. 90	0. 65	0. 60
蛋氨酸（%）	0. 40	0. 30	0. 27
蛋氨酸+胱氨酸（%）	0. 70	0. 55	0. 50
色氨酸（%）	0. 23	0. 17	0. 14
精氨酸（%）	1. 10	1. 00	0. 65
亮氨酸（%）	1. 26	0. 91	0. 76
异亮氨酸（%）	0. 63	0. 46	0. 38
缬氨酸（%）	0. 78	0. 56	0. 47
苏氨酸（%）	0. 70	0. 60	0. 50
钙（%）	0. 65	0. 60	2. 75
总磷（%）	0. 60	0. 60	0. 55
有效磷（%）	0. 40	0. 30	0. 35
钠/(毫克/千克)	0. 15	0. 15	0. 15
氯/(毫克/千克)	0. 12	0. 12	0. 12
铜/(毫克/千克)	8. 0	8. 0	8. 0
锌/(毫克/千克)	60	0	40
锰/(毫克/千克)	50	0	80
碘/(毫克/千克)	0. 40	0. 30	0. 30
铁/(毫克/千克)	60	60	60

（续）

营养指标	育雏期 0~2 周龄	生长期 3~7 周龄	种鸭
硒/(毫克/千克)	0.20	0.20	0.20
维生素 A/(国际单位/千克)	2500	2500	4000
维生素 D_3/(国际单位/千克)	400	400	900
维生素 E/(国际单位/千克)	10	10	10
甲萘醌/(毫克/千克)	0.5	0.5	0.5
维生素 B_1/(毫克/千克)	2.0	1.5	1.5
维生素 B_2/(毫克/千克)	4	4	4
泛酸/(毫克/千克)	11	11	11
烟酸/(毫克/千克)	55	55	55
维生素 B_6/(毫克/千克)	2.5	2.5	3.0
维生素 B_{12}/(毫克/千克)	0.02	0.02	0.02
生物素/(毫克/千克)	0.20	0.20	0.10
叶酸/(毫克/千克)	1.0	1.0	1.0
胆碱/(毫克/千克)	1000	1000	1000

（3）樱桃谷 SM3 大型商品肉鸭最低营养需要量　樱桃谷 SM3 大型商品肉鸭最低营养需要量见表 3-12（来自《樱桃谷超级肉鸭 SM3 父母代和商品代饲养管理手册》）。

表 3-12　樱桃谷 SM3 大型商品肉鸭最低营养需要量

营养指标	0~9 日龄	10~16 日龄	17~42 日龄	43 日龄至屠宰
代谢能/(兆焦/千克)	11.92	12.13	12.13	12.34
粗蛋白质（%）	22.0	20.0	18.5	17.0
总赖氨酸（%）	1.35	1.17	1.00	0.88

（续）

营养指标	0~9 日龄	10~16 日龄	17~42 日龄	43 日龄至屠宰
可利用赖氨酸（%）	1.15	1.00	0.85	0.75
总蛋氨酸（%）	0.50	0.47	0.42	0.42
总蛋氨酸+胱氨酸（%）	0.90	0.84	0.75	0.70
可利用蛋氨酸+胱氨酸（%）	0.80	0.75	0.66	0.66
总苏氨酸（%）	0.90	0.85	0.75	0.75
总色氨酸（%）	0.23	0.21	0.20	0.19
脂肪（%）	4.00	4.00	5.00	4.00
亚油酸（%）	1.00	1.00	0.75	0.75
纤维素（%）	4.00	4.00	4.00	4.00
钙（最低,%）	1.00	1.00	1.00	1.00
有效磷（最低,%）	0.50	0.50	0.35	0.32
钠（最低,%）	0.20	0.18	0.18	0.18
钾（最低,%）	0.60	0.60	0.60	0.60
氯化物（%）	0.20	0.18	0.17	0.16
胆碱/(毫克/千克)	1500	1500	1500	1500
维生素和微量元素补充	1.0	1.0	2.0	2.0

第二节 预混料的配方设计

一、维生素预混料的配方设计

在设计配方时应根据鸭的品种、生理阶段、生理特点、性别、使用目的及饲养标准确定预混料中各种维生素的添加量。

第一，以饲养标准为依据。饲养标准中给出的维生素量是鸭的最低需要量，包括各种饲料原料中提供的维生素的量和添加量，因此，

应在其基础上适当增加维生素供给量，以取得最佳经济效果或生长效果。

第二，考虑维生素的生物学效价及稳定性。商品维生素添加剂的生物学效价会因各种因素的影响而遭到损坏，因此，添加时要以实测效价为准。

第三，考虑环境因素的影响。应考虑环境条件，尤其是各种应激因素对鸭的影响，如在高温应激条件下鸭对维生素 C 的需要量提高，因此，在设计配方时应增加维生素 C 的用量。

第四，合理配伍原则。应考虑饲料原料的配伍性，基础饲料原料各营养素间的配伍性会直接影响维生素效价的发挥。

第五，经济原则。在满足鸭营养需要的前提下，应权衡产品的生产成本，平衡不同价格的维生素在配方中的用量。

第六，保险原则。由于维生素在加工及贮存过程中均有一定量的损失，因此，在生产配方中就要有一定的增加量，即常说的“保险系数”。

1. 配方设计方法

在设计维生素添加剂配方时，根据动物性饲料和青绿饲料有无、季节气温变化、应激状况及饲料加工中的损失等，各种维生素添加剂的用量可在饲养标准的基础上适当提高。以生长期（5~8 周龄）蛋鸭维生素预混料配方为例，设计步骤如下：

1）确定需要配制的维生素种类。

2）查蛋鸭饲养标准中各种维生素需要量，并在需要量的基础上增加一定的保险系数（10%或以上）。

【小经验】

由于不同维生素的稳定性不同，其保险系数也不同。超量的比例：维生素 B_1 为 10%~15%、维生素 B_2 为 5%~10%、维生素 B_6 为 10%~15%、维生素 B_{12} 为 10%~15%、叶酸为 10%~20%、泛酸为 5%~10%、烟酸为 5%~10%、维生素 C 为 10%~15%、维生素 A 为 50%~100%、维生素 D 为 56%~60%、维生素 E 为 30%、维生素 K 为 2~5 倍。

3）选定各种维生素原料，并确定其纯物质的含量（表 3-13）。

表 3-13　常用维生素添加剂名称及含量

饲料添加剂名称	含量或纯度	数据来源
维生素 A 乙酸酯微粒	标示量：含维生素 A 乙酸酯 500000 国际单位/克；90.0%～120.0%（占标示量）	GB/T 7292—1999
维生素 A 棕榈酸酯（粉）	95.0%～115.0%（占标示量）	GB 23386—2017
硝酸硫胺（维生素 B_1）	98.0%～101.0%（以 $C_{12}H_{17}N_5O_4S$ 干基计）	GB 7296—2018
盐酸硫胺（维生素 B_1）	98.5%～101.0%（以 $C_{12}H_{17}ClN_4OS \cdot HCl$ 干基计）	GB 7295—2018
维生素 B_2（核黄素）	规格 1：96%，96.0%～102.0%；规格 2：98%，98.0%～102.0%	GB/T 7297—2006
80%核黄素（维生素 B_2）微粒	≥80.0%（以 $C_{17}H_{20}N_4O_6$ 干基计）	GB/T 18632—2010
烟酸	99.0%～100.5%（以 $C_6H_5NO_2$ 干基计）	GB 7300—2017
烟酰胺	≥99.0%（以 $C_6H_6N_2O$ 计）	GB 7301—2017
亚硫酸氢烟酰胺甲萘醌（MNB）	烟酰胺≥31.2%；甲萘醌≥43.9%；MNB≥96.0%	GB/T 26442—2010
D-泛酸钙	98%～101.0%（$C_{18}H_{32}CaN_2O_{10}$，以干燥品计）	GB/T 7299—2006
维生素 B_6（盐酸吡哆醇）	98.0%～101.0%（以 $C_8H_{11}NO_3 \cdot HCl$ 干基计）	GB 7298—2017
2% D-生物素	≥2.00%（$C_{10}H_{16}N_2O_3S$ 计）	GB/T 23180—2008
D-生物素	97.5%～101.0%（以 $C_{10}H_{16}N_2O_3S$ 干基计）	GB 36898—2018

（续）

饲料添加剂名称	含量或纯度	数据来源
氯化胆碱	水剂：≥70.0%、≥75.0%；粉剂：≥50.0%、≥60.0%、≥70.0%	GB 34462—2017
维生素 B_{12}（氰钴胺）粉剂	90%~130%（占标示量）	GB/T 9841—2006
叶酸	95.0%~102.0%（以 $C_{19}H_{19}N_7O_6$ 干基计）	GB 7302—2018
L-抗坏血酸（维生素 C）	99.0%~100.5%（以 $C_6H_8O_6$ 计）	GB 7303—2018
L-抗坏血酸钠	99.0%~101.0%（以 $C_6H_7NaO_6$ 干基计）	GB 34460—2017
L-抗坏血酸钙	≥98.0%（以 $C_{12}H_{14}CaO_{12}\cdot 2H_2O$ 计）	GB 34463—2017
维生素 D_3（微粒）	普通型、水分散型：90.0%~110.0%（占标示量）；产品规格：500000 国际单位/克	GB 9840—2017
DL-α-生育酚乙酸酯（粉）	≥50.0%	GB 7293—2017
DL-α-生育酚乙酸酯	≥93.0%	GB 9454—2017
亚硫酸氢钠甲萘醌（维生素 K_3）	≥50.0%（以甲萘醌计）	GB 7294—2017
二甲基嘧啶醇亚硫酸甲萘醌	甲萘醌≥44.0%；二甲基嘧啶醇亚硫酸甲萘醌≥96.7%	GB 34464—2017
维生素 AD_3 微粒	维生素 A 乙酸酯标示量的 90.0%~120.0%；维生素 D_3 标示量的 90.0%~120.0%	GB/T 9455—2009

4）以配合饲料中维生素预混料的添加比例为 0.1%计算，列出每吨维生素预混料中各种维生素原料及载体的添加量（表 3-14）。

表 3-14　生长期（5~8 周龄）蛋鸭维生素预混料配方设计

维生素种类	饲养标准中规定用量	加 10%保护系数用量	原料规格	每吨全价配合饲料中应添加的原料量/克	每吨维生素预混料中的用量/千克
维生素 A	4000 国际单位/千克	4400 国际单位/千克	500000 国际单位/克	4400×1000÷500000=8.8	8.8
维生素 D	1000 国际单位/千克	1100 国际单位/千克	500000 国际单位/克	1100×1000÷500000=2.2	2.2
维生素 E	10 国际单位/千克	11 国际单位/千克	500 国际单位/克	11×1000÷500=22	22
甲萘醌	1.5 毫克/千克	1.65 毫克/千克	500 毫克/克	1.65×1000÷500=3.3	3.3
维生素 B_1	1.5 毫克/千克	1.65 毫克/千克	980 毫克/克	1.65×1000÷980=1.68	1.68
维生素 B_2	8 毫克/千克	8.8 毫克/千克	960 毫克/克	8.8×1000÷960=9.17	9.17
泛酸	10 毫克/千克	11 毫克/千克	980 毫克/克	11×1000÷980=11.22	11.22
烟酸	30 毫克/千克	33 毫克/千克	990 毫克/克	33×1000÷990=33.33	33.33
吡哆醇	3.0 毫克/千克	3.3 毫克/千克	980 毫克/克	3.3×1000÷980=3.37	3.37
生物素	0.20 毫克/千克	0.22 毫克/千克	20 毫克/克	0.22×1000÷20=11.0	11.0
维生素 B_{12}	0.02 毫克/千克	0.022 毫克/千克	10 毫克/克	0.022×1000÷10=2.2	2.2
原料小计				108.27	108.27
载体用量				891.73	891.73
合计				1000.00	1000.00

【注意】

因氯化胆碱有强烈的吸湿性，对其他维生素有破坏作用，因此，不能直接在维生素预混料中添加，可以在全价配合饲料中直接补充50%~70%氯化胆碱粉剂或70%~75%氯化胆碱水剂。

2. 注意事项

（1）选择稳定的制剂与剂型　大部分维生素稳定性较差，极易氧化、变质或失效。影响维生素稳定性的因素很多，如温度、湿度、光照、pH等，因此，选择稳定性好的产品尤为重要。例如，使用维生素A的棕榈酸及醋酸酯比使用维生素A醇稳定，甲萘醌中二甲基嘧啶醇亚硫酸甲萘醌比亚硫酸氢钠甲萘醌稳定，维生素B_1中硝酸硫胺比盐酸硫胺稳定，维生素B_6中吡哆醇比吡哆醛与吡哆胺稳定。

（2）进行稳定化加工处理　某些易被氧化破坏的维生素，如维生素A、维生素D_3多进行包被处理，制成明胶包被的微粒胶囊，或制成以变性淀粉覆盖表面的微粒粉剂。

（3）正确选择载体与稀释剂　用于维生素添加剂预混料的载体种类很多，但通常多选择含纤维少的淀粉和乳糖类物质等。选择使用时应注意以下问题：

1）密度。载体和稀释剂的密度是影响维生素添加剂预混料混合均匀程度的重要因素，因此，要选择与维生素添加剂密度接近的载体和稀释剂，以保证活性成分在混合过程中均匀分布，否则将会出现分层现象，直接影响预混料的质量。

2）黏着性。选用黏着性好的载体，以确保承载并粘牢维生素的活性成分。

3）粒度。在维生素添加剂预混料中，载体的粒度应为80目至30目（0.177~0.59毫米筛孔），稀释剂的粒度应为200目至30目（0.074~0.59毫米筛孔）。

4）含水量。载体和稀释剂的含水量要求越低越好，一般不应超过10%，以保证有良好的流动性。

5）pH。载体或稀释剂的 pH（酸碱值）直接影响维生素的活性，如泛酸钙 pH 在 5 以下时，活性损失加快，因此，应选择酸碱值接近中性、化学特性稳定的载体或稀释剂。

6）静电吸附性。维生素添加剂中的烟酸、维生素 B_2 等，在干燥并呈细粉状时会出现静电吸附现象，因此，应选择适宜的载体或稀释剂，使其与维生素添加剂更牢固地吸附在一起，也可加入黏合剂克服静电的影响。

二、微量元素预混料的配方设计

1. 配方设计方法

（1）微量元素添加量的确定 微量元素添加量取决于日粮中微量元素的组成和饲养标准中规定的需要量。有两种确定方法。

1）添加量即饲养标准中规定的需要量。此方法适用于目前添加成本低廉的无机微量元素。商品性预混料生产者使用此方法可给设计与加工带来许多方便。

2）添加量即饲养标准中规定的需要量减去其基础日粮中相应微量元素的含量。日粮的组成对日粮中微量元素添加剂的影响主要取决于基础日粮中微量元素的含量和利用率、矿物元素之间的比例、微量元素与日粮中其他物质之间的关系，特别是植酸磷、草酸等微量元素拮抗物的含量对添加量影响较大。

【提示】

日粮中添加微量元素添加剂主要是补充基础日粮中微量元素的不足，满足鸭的正常生理和生产需要，其添加量根据鸭对微量元素的需要量和日粮的组成而定。

（2）微量元素添加剂种类的确定 一般以饲养标准中规定的需要量为基本依据，同时考虑地区性。目前，我国鸭的日粮中能量饲料以玉米为主，因此，一定要添加铁、铜、锰、锌等微量元素。常用微量元素添加剂见表 3-15。

表 3-15　常用微量元素添加剂名称及含量

微量元素种类	添加剂名称	纯度	数据来源
铜	硫酸铜	一水硫酸铜：硫酸铜≥98.5%，铜≥35.7%；五水硫酸铜：硫酸铜≥98.5%，铜≥25.1%	GB 34459—2017
	碱式氯化铜	碱式氯化铜≥98.0%，铜≥58.12%	GB/T 21696—2008
	蛋氨酸铜络（螯）合物	铜≥16.8%	GB 20802—2017
锌	硫酸锌	一水硫酸锌：硫酸锌≥94.7%，锌≥34.5%；七水硫酸锌：硫酸锌≥97.3%，锌≥22.0%	GB/T 25865—2010
	碱式氯化锌	碱式氯化锌≥98.0%，锌≥58.06%	GB/T 22546—2008
	乳酸锌	乳酸锌：98.0%～102.4%，锌：21.%～22.5%	GB/T 23735—2009
	蛋氨酸锌络（螯）合物	锌：≥17.2%（摩尔比为2∶1）、≥19.0%（摩尔比为1∶1）	GB 21694—2017
锰	硫酸锰	一水硫酸锰≥98.0%，锰≥31.8%	GB 34468—2017
	蛋氨酸锰络（螯）合物	锰：≥14.5%（摩尔比为2∶1）、≥15.0%（摩尔比为1∶1）	GB 22489—2017
铁	硫酸亚铁	一水硫酸亚铁≥91.3%，铁≥30.0%	GB 34465—2017
	甘氨酸铁络合物	甘氨酸铁络合物≥90.0%，铁≥17.0%	GB/T 21996—2008
	富马酸亚铁	富马酸亚铁≥93.0%，亚铁（以 Fe^{2+} 干基计）≥30.6%，富马酸≥64.0%	GB/T 27983—2011
	蛋氨酸铁	铁≥90.0%（占标示量的百分比）	NY/T 1498—2008
镁	硫酸镁	一水硫酸镁：硫酸镁≥94.0%，镁≥16.5%；七水硫酸镁：硫酸镁≥99.0%，镁≥9.7%	GB 32449—2015

（续）

微量元素种类	添加剂名称	纯度	数据来源
钾	碘化钾	碘化钾≥99.0%（以碘化钾干基计），碘≥75.7%（以碘干基计）	GB 7300.301—2019

注：微量元素含量的计算公式：

$$\text{微量元素添加剂中某元素的含量}=\frac{\text{该元素相对原子质量}}{\text{该化合物的相对分子质量}}\times100\%。$$

（3）在饲料中添加微量元素的计算方法　畜禽对微量元素添加剂的需要量以元素的含量来计算，而不是以化合物的量来计算，但配制饲料时使用的均为各种微量元素的化合物，因此，需要进行换算。

其计算公式为：每千克饲料中所需微量元素化合物的质量=该元素的需要量×$\frac{\text{所用化合物的相对分子质量}}{\text{化学式中该元素的原子个数}\times\text{相对原子质量}}$÷纯度

例如：5~8 周龄蛋鸭对铜的需要标准为 8 毫克/千克饲料，已知五水硫酸铜（$CuSO_4\cdot5H_2O$）的相对分子质量是 249.69，铜的相对原子质量是 63.5，硫酸铜纯度为 95%。

代入公式得：每千克饲料中应含五水硫酸铜=$8\times\frac{249.69}{1\times63.5}\div95\%=$ 33.11（毫克）。

即 5~8 周龄蛋鸭每千克饲料中应含五水硫酸铜（$CuSO_4\cdot5H_2O$）33.11 毫克。同理，用同样的方法可以计算其他微量元素化合物的添加量。

（4）配方设计步骤

第 1 步：根据市场和生产需要确定微量元素预混料产品的种类和在日粮中的添加比例。

第 2 步：确定鸭微量元素的需要量。

第 3 步：根据基础饲料中微量元素含量，确定日粮微量元素添加量。

第 4 步：选用适宜的微量元素添加剂原料。

第 5 步：把微量元素添加量换算成微量元素原料添加量。

第 6 步：选择适宜的载体和稀释剂，确定其用量。

第 7 步：列出配方并进行复核。

第 8 步：配方说明。

（5）计算实例　为生长期（5~8 周龄）蛋鸭配制微量元素预混料。

1）确定微量元素预混料在日粮中的添加比例（0.1%或 0.2%），本例选择 0.2%。

2）确定鸭微量元素的需要量。查饲养标准中的生长期（5~8 周龄）蛋鸭对微量元素需要量（表 3-16）。

表 3-16　生长期（5~8 周龄）蛋鸭对微量元素需要量

微量元素	铜	锌	锰	碘	铁	硒	钴
需要量/(毫克/千克)	8	40	60	0.20	40	0.20	0.10

3）根据基础饲料中微量元素含量，确定饲料微量元素添加量。一般不考虑基础饲料中微量元素的含量，添加量即为需要量。

4）选择微量元素添加剂原料。常用的微量元素添加剂见表 3-17。本次原料选用一水硫酸铜、一水硫酸锌、一水硫酸锰、碘化钾、一水硫酸亚铁、五水亚硒酸钠、一水硫酸钴。

表 3-17　微量元素添加剂原料规格及元素含量

元素名称	添加剂名称	分子式	纯品中元素含量（%）	含量规格（%）
铁	七水硫酸亚铁	$FeSO_4 \cdot 7H_2O$	20.1（Fe）	98.0
	一水硫酸亚铁	$FeSO_4 \cdot H_2O$	32.9（Fe）	91.3
	碳酸亚铁	$FeCO_3$	48.2（Fe）	38.0（以元素计）
	氯化铁	$FeCl_3$	34.4（Fe）	99.0
	柠檬酸亚铁	$FeC_6H_6O_7$	22.7（Fe）	16.5（以元素计）
	富马酸亚铁	$C_4H_2FeO_4$	32.9（Fe）	93.0
	硫酸亚铁	$FeSO_4$	36.7（Fe）	98.0

（续）

元素名称	添加剂名称	分子式	纯品中元素含量（%）	含量规格（%）
铜	硫酸铜	$CuSO_4$	39.8（Cu）	98.5
	一水硫酸铜	$CuSO_4 \cdot H_2O$	35.7（Cu）	98.5
	五水硫酸铜	$CuSO_4 \cdot 5H_2O$	25.5（Cu）	98.5
	碱式氯化铜	$Cu_2(OH)_3Cl$	59.5（Cu）	98.0
锌	碳酸锌	$ZnCO_3$	52.1（Zn）	99.0
	七水硫酸锌	$ZnSO_4 \cdot 7H_2O$	22.7（Zn）	97.3
	氧化锌	ZnO	80.3（Zn）	95.0
	碱式氯化锌	$Zn_5Cl_2(OH)_8 \cdot H_2O$	59.3（Zn）	98.0
	一水硫酸锌	$ZnSO_4 \cdot H_2O$	36.4（Zn）	94.7
	乳酸锌	$C_6H_{10}O_6Zn \cdot 3H_2O$	21.9（Zn）	98.0
	硫酸锌	$ZnSO_4$	40.5（Zn）	98.0
	乙酸锌	$Zn(CH_3COO)_2$	35.5（Zn）	99.0
硒	亚硒酸钠	Na_2SeO_3	45.7（Se）	98.0
	五水亚硒酸钠	$Na_2SeO_3 \cdot 5H_2O$	30.0（Se）	98.0
碘	碘化钾	KI	76.5（I）	98.0
	碘酸钾	KIO_3	59.3（I）	99.0
	碘酸钙	$Ca(IO_3)_2$	65.1（I）	95.0
钴	硫酸钴	$CoSO_4$	38.0（Co）	98.0
	一水硫酸钴	$CoSO_4 \cdot H_2O$	34.1（Co）	96.5
	七水硫酸钴	$CoSO_4 \cdot 7H_2O$	21.0（Co）	97.5
	碳酸钴	$CoCO_3$	49.6（Co）	98.0
	氯化钴	$CoCl_2$	45.3（Co）	98.0
	乙酸钴	$Co(CH_3COO)_2$	50.0（Co）	98.0
	六水氯化钴	$CoCl_2 \cdot 6H_2O$	24.9（Co）	96.8
锰	硫酸锰	$MnSO_4$	36.4（Mn）	98.0
	碳酸锰	$MnCO_3$	47.8（Mn）	43.0（以元素计）

（续）

元素名称	添加剂名称	分子式	纯品中元素含量（%）	含量规格（%）
锰	氯化锰	$MnCl_2$	43.6（Mn）	98.0
	氧化锰	MnO	77.4（Mn）	99.0
	一水硫酸锰	$MnSO_4 \cdot H_2O$	32.5（Mn）	98.0

注：除有说明外，含量规格以化合物计。

5）把微量元素添加量换算成微量元素原料添加量。

根据计算公式：原料添加量（毫克/千克）= 微量元素添加量÷纯品中元素含量（%）÷商品纯度（%），计算出微量元素添加剂原料在日粮中的用量。

例：一水硫酸铜添加量（毫克/千克）= 8÷35.7%÷98.5% = 22.75（毫克/千克）。

6）计算出添加剂原料在0.2%预混料中用量，并选择适宜的载体和稀释剂，确定其用量。

计算公式：预混料中各原料百分比=原料添加量÷混合质量

例：预混料中一水硫酸铜料用量=22.75÷2000≈1.14%。

载体用量=微量元素预混料总量-各种微量元素添加剂商品用量之和。具体如表3-18所示。

表3-18　生长期（5~8周龄）蛋鸭微量元素添加剂原料及其预混料配方计算表

元素	全价配合饲料需要量/（毫克/千克）	元素添加量/（毫克/千克）	原料纯品中元素含量（%）	原料纯度（%）	0.2%微量元素预混料生产配方（%）
铜	8	8	35.7	98.5	1.14
锌	40	40	36.4	94.7	5.80
锰	60	60	32.5	98.0	9.42
碘	0.20	0.20	76.5	98.0	0.01
铁	40	40	32.9	91.3	6.66

（续）

元素	全价配合饲料需要量/（毫克/千克）	元素添加量/（毫克/千克）	原料纯品中元素含量（%）	原料纯度（%）	0.2%微量元素预混料生产配方（%）
硒	0.20	0.20	30.0	98.0	0.03
钴	0.10	0.10	34.1	96.5	0.02
小计					23.08
载体					76.92
合计					100

7）列出和复核配方，见表3-19。

表3-19　生长期（5~8周龄）蛋鸭微量元素预混料配方（0.2%）

微量元素添加剂原料	生长期（5~8周龄）蛋鸭微量元素预混料配方（0.2%）
一水硫酸铜	1.14
一水硫酸锌	5.80
一水硫酸锰	9.42
碘化钾	0.01
一水硫酸亚铁	6.66
五水亚硒酸钠	0.03
一水硫酸钴	0.02
载体（细沸石粉）	76.92
合计	100

8）配方说明：①本微量元素预混料配方适用于生长期（5~8周龄）蛋鸭；②使用方法及使用剂量：按0.2%的比例将本配方产品与其他日粮原料混匀后使用；③本配方产品应保存在阴凉、避光、干燥之处。

2. 注意事项

1）关于微量元素化合物的选择，铜、铁、锰、锌一般选用硫酸盐较好，不但价格便宜，而且鸭对其利用率较氧化物高。

2）为保证微量元素预混料的含水量不超标，最好选用含 1 个结晶水的硫酸盐，对于铜，宜选用含 5 个或 7 个结晶水的硫酸盐。

3）各种化合物原料的容重、外观色泽、粒度及含量等符合国家标准要求，配制前需测定有效成分含量。

4）微量元素预混剂的载体一般为石粉、轻质碳酸钙、磷酸氢钙或沸石粉等，也可是 2 种以上的混合物。粒度要求 100%小于 1 毫米，90%小于 0.8 毫米，60%小于 0.5 毫米。水分含量低于 5%。石粉中加入 1%的植物油，进行预处理可消除静电。

【小经验】

配制投料顺序为在卧式混合机中先加入一半载体，再按微量元素用量由少到多的次序投入，最后加入另一半载体，搅拌 15 分钟。

第三节　浓缩饲料的配方设计

一、配方设计原则

浓缩饲料主要是由蛋白质饲料、矿物质饲料和饲料添加剂按一定比例配制的饲料，与能量饲料按规定比例配合即可制成配合饲料。在生产实践中，由于生产需要的不同，浓缩饲料的配比可占配合饲料的 10%~50%。配方设计原则如下：①满足或接近饲养标准，按比例加入能量饲料、蛋白质饲料或粗饲料后，总营养水平达到或接近鸭营养需要；②符合鸭的生产性能和消化生理特点；③配制成配合饲料的比例适宜，便于养殖场使用；④从实际出发，选用适宜的蛋白质饲料原料；⑤与能量饲料能方便地混合均匀。

二、配方设计方法

浓缩饲料配方的设计方法有两种：第一种是由配合饲料配方折算浓缩饲料配方。根据鸭的饲养标准及饲料来源、营养价值和价格设计出全价配合饲料配方，然后把能量饲料从配方中抽出，余下的再折合成百分含量即为浓缩饲料配方。第二种是直接设计浓缩饲料配方。根据用户所具有的能量饲料种类和数量，确定浓缩饲料和能量饲料的比例，结合鸭的饲养标准确定浓缩饲料各养分所应达到的水平，最后计算出浓缩饲料的配方。

1. 由配合饲料配方折算浓缩饲料配方

（1）设计步骤

① 根据饲养标准设计全价配合饲料配方；② 确定浓缩饲料在全价配合饲料中应占的比例；③ 计算浓缩饲料的生产配方；④ 标明浓缩饲料的名称、规格、使用对象、使用方法、保质期和保存方法。

（2）举例　为蛋鸭设计浓缩饲料配方。

第 1 步：根据饲养标准设计出全价配合饲料配方。利用试差法计算，具体计算方法见第四节全价配合饲料的配制方法。假如设计出的全价配合饲料配方为：玉米 51%、小麦麸 13%、豆粕 26%、高粱 4.93%、鱼粉 2%、磷酸氢钙 1.38%、石粉 0.79%、食盐 0.37%、维生素添加剂和微量元素添加剂 0.53%。营养指标：代谢能 11.59 兆焦/千克、粗蛋白质 19.62%、钙 0.80%、磷 0.42%、赖氨酸 0.90%、蛋氨酸+胱氨酸 0.65%。

第 2 步：确定浓缩饲料在配制全价配合饲料中应占的比例。根据以上配方，能量饲料所占的比例为 68.93%（玉米 51%+小麦麸 13%+高粱 4.93%），因此，浓缩饲料应占的比例为 31.07%（100%-68.93%）。

第 3 步：确定浓缩饲料的生产配方。浓缩饲料的生产配方可依据以下公式计算：

$$\text{某饲料在浓缩饲料里的配合率（比例）}=\frac{\text{全价配合饲料中该饲料的配合率（比例）}}{\text{浓缩饲料占配合饲料的比例}}$$

计算结果如下：

豆粕 83.68%（26%÷31.07%）、鱼粉 6.44%（2%÷31.07%）、磷酸氢钙 4.44%（1.38%÷31.07%）、石粉 2.54%（0.79%÷31.07%）、食盐 1.19%（0.37%÷31.07%）、维生素添加剂和微量元素添加剂 1.71%（0.53%÷31.07%）。

2. 直接设计浓缩饲料的配方

（1）设计步骤 ①确定相关饲养标准；②确定浓缩饲料在全价配合饲料中的比例；③确定能量饲料原料用量，并且计算出相应能量饲料原料能达到的营养水平；④与饲养标准比较，计算出浓缩饲料应达到的营养水平；⑤确定浓缩饲料的原料及其营养水平；⑥计算浓缩饲料的配方；⑦标明浓缩饲料的名称、规格、使用对象、使用方法、保质期和保存方法。

（2）举例 为17~42日龄樱桃谷肉鸭设计浓缩饲料配方。

1）查17~42日龄樱桃谷肉鸭的饲养标准（表3-20）。

表3-20 17~42日龄樱桃谷肉鸭的饲养标准

代谢能/（兆焦/千克）	粗蛋白质（%）	钙（%）	有效磷（%）	蛋氨酸+胱氨酸（%）	赖氨酸（%）
12.13	18.5	1.00	0.35	0.75	1.00

2）确定浓缩饲料与能量饲料的比例。根据经验确定配合饲料中浓缩饲料与能量饲料的比例［一般为（30~40）∶（60~70）］及能量饲料的组成。

假如浓缩饲料与能量饲料的比例为40∶60，其中能量饲料为玉米（若为2种或2种以上，应先确定它们的比例）。

3）计算能量饲料所能达到的营养水平（表3-21~表3-23）。

表3-21 能量饲料的营养价值

饲料原料	代谢能/（兆焦/千克）	粗蛋白质（%）	钙（%）	有效磷（%）	蛋氨酸+胱氨酸（%）	赖氨酸（%）
玉米	13.85	8.7	0.02	0.05	0.38	0.24
小麦麸	11.67	15.7	0.11	0.32	0.55	0.63

4）计算浓缩饲料各营养成分所能达到的营养水平（表3-24）。以仅用1种能量饲料（玉米）为例计算。计算方法：用饲养标准规定的营养需要量减去与浓缩饲料配合的能量饲料的营养含量，再除以

浓缩饲料在全价配合饲料中的比例。如代谢能=(12.13−8.31)÷40%=3.82÷40%=9.55（兆焦/千克）。

表 3-22　能量饲料所能达到的营养水平（仅用 1 种）

饲料原料	在配合饲料中的比例（%）	代谢能/（兆焦/千克）	粗蛋白质（%）	钙（%）	有效磷（%）	蛋氨酸+胱氨酸（%）	赖氨酸（%）
玉米	60	8.31	5.22	0.01	0.03	0.23	0.14
标准		12.13	18.5	1.00	0.35	0.75	1.00
相差		3.82	13.28	0.99	0.32	0.52	0.86

表 3-23　能量饲料所能达到的营养水平（使用 2 种）

饲料原料	在配合饲料中的比例（%）	代谢能/（兆焦/千克）	粗蛋白质（%）	钙（%）	有效磷（%）	蛋氨酸+胱氨酸（%）	赖氨酸（%）
玉米	50	6.93	4.35	0.01	0.03	0.19	0.12
小麦麸	10	1.17	1.57	0.01	0.03	0.06	0.06
合计	60	8.10	5.92	0.02	0.06	0.25	0.18
标准		12.13	18.5	1.00	0.35	0.75	1.00
相差		4.03	12.58	0.98	0.29	0.50	0.82

表 3-24　浓缩饲料的营养水平

代谢能/（兆焦/千克）	粗蛋白质（%）	钙（%）	有效磷（%）	蛋氨酸+胱氨酸（%）	赖氨酸（%）
9.55	33.20	0.23	0.80	1.30	2.15

5）确定浓缩饲料拟选用的饲料原料及其营养水平。原料的选择要因地制宜，根据来源、价格及营养价值等方面综合考虑而定。各饲料原料在浓缩饲料中的比例可采用与配合饲料相同的设计方法，最好通过计算机按最低成本原则去优化计算。计算过程中仍需注意使某些饲料原料的用量在配成的配合饲料中处于适宜范围。重点考虑的指标是粗蛋白质、氨基酸、钙、磷等。本配方选用的原料有豆粕、鱼粉、

棉籽饼、植物油、磷酸氢钙、石粉、食盐及复合添加剂等，计算所得配方见表3-25。

表3-25 17~42日龄樱桃谷肉鸭浓缩饲料配方

饲料名称	配比（%）	营养成分	保证值（%）
豆粕	67	粗蛋白质	39.20
鱼粉	10.5	钙	1.53
棉籽饼	10	磷	0.80
植物油	3.5	蛋氨酸+胱氨酸	1.30
磷酸氢钙	2.1	赖氨酸	2.40
石粉	1		
食盐	0.9		
复合添加剂	5		

第四节 全价配合饲料的配方设计

一、配方设计原则

1. 营养全面

配制全价配合饲料时，必须以鸭的饲养标准为基础，结合生产实践经验，对标准进行适当的调整，以保证日粮的全价性；同时，注意饲料原料的多样化，做到多种饲料原料合理搭配，以充分发挥各种饲料原料的营养互补作用，提高日粮中营养物质的利用率。

2. 经济原则

选择饲料原料时应考虑经济原则，尽量选用营养丰富、价格低廉、来源方便的饲料原料进行配合，注意因地制宜，因时制宜，尽可能发挥当地饲料原料资源优势。

3. 适口性好

配制全价配合饲料必须考虑鸭的消化生理特点，选用适宜的饲料原料，注意其品质和适口性，忌用有刺激性异味、霉变或含有其他有害物质的饲料原料配制。日粮的粗纤维含量不能过高，一般不宜超过5%，否则消化率和营养价值会降低。

4. 稳定性好

所选用的饲料原料应来源广而稳定，配方也要保持相对稳定。若确需改变时，应逐渐更换，最好有1周的过渡期，以免影响鸭的食欲，降低生产性能。配制时必须混合均匀，加工工艺合理。

二、配方设计方法

全价配合饲料配制的方法有试差法、联立方程法、线性规划法等，使用较多的是试差法。试差法的步骤为先列出养分含量和鸭的营养需要量；从满足能量和蛋白质需要开始（再考虑钙磷含量比例，最后考虑微量元素及维生素含量），设计出初步配方，并计算出各种营养成分之和；然后再与标准对比，逐步对配方进行适当调整，直到符合要求为止。有条件的养殖场可采用电脑配方软件进行设计。

1. 试差法

利用玉米、小麦麸、棉籽粕、菜籽粕、豆粕、磷酸氢钙、石粉等原料为育雏期（0~4周龄）蛋鸭配制饲料。配制步骤如下：

【提示】

用试差法设计时，为简便运算，可采用Excel工作表来计算。

（1）列出饲料养分含量和蛋鸭的营养需要量　育雏期（0~4周龄）蛋鸭营养需要量和所用饲料原料的营养价值分别见表3-26和表3-27。

表3-26　育雏期（0~4周龄）蛋鸭的营养需要量

代谢能/（兆焦/千克）	粗蛋白质（%）	钙（%）	有效磷（%）	蛋氨酸+胱氨酸（%）	赖氨酸（%）
12.12	19.5	0.90	0.42	0.80	1.10

表 3-27　所用饲料原料的营养价值

饲料原料	代谢能/（兆焦/千克）	粗蛋白质（%）	钙（%）	有效磷（%）	蛋氨酸+胱氨酸（%）	赖氨酸（%）
玉米	13.85	8.7	0.02	0.05	0.38	0.24
小麦麸	11.67	15.7	0.11	0.32	0.55	0.63
豆粕	14.81	44.2	0.33	0.16	1.24	2.68
棉籽粕	7.78	43.5	0.28	0.26	1.26	1.97
菜籽粕	11.55	38.6	0.65	0.25	1.5	1.3
磷酸氢钙			23.29	18.00		
石粉			35.84	0.01		

【提示】

表中饲料原料的营养价值养分含量可以由《中国饲料成分及营养价值表（第 32 版）》查出，或登录中国饲料数据库（http：//www.chinafeeddata.org.cn/）查询。

（2）初拟配方　根据实践经验，初步拟定日粮中各种饲料的比例。蛋鸭日粮中各类饲料的比例一般为：能量饲料占 50%~60%，蛋白质饲料占 5%~30%，矿物质饲料等占 3%~3.5%（其中维生素和微量元素预混料一般各为 0.5%）。初拟配方后并计算出各种营养含量的和，再与标准对比，在配方中可以先留出 2%~3%的饲料量，作为某种营养不足时的补充（表 3-28）。

表 3-28　配方预算结果

饲料配料	配比（%）	代谢能/（兆焦/千克）	粗蛋白质（%）	钙（%）	有效磷（%）	蛋氨酸+胱氨酸（%）	赖氨酸（%）
玉米	52	7.202	4.524	0.0104	0.026	0.1976	0.1248
小麦麸	14	1.6338	2.198	0.0154	0.0448	0.077	0.0882
豆粕	19	2.8139	8.398	0.0627	0.0304	0.2356	0.5092

（续）

饲料配料	配比（%）	代谢能 /（兆焦/千克）	粗蛋白质（%）	钙（%）	有效磷（%）	蛋氨酸+胱氨酸（%）	赖氨酸（%）
棉籽粕	6.5	0.5057	2.8275	0.0182	0.0169	0.0819	0.12805
菜籽粕	5.5	0.63525	2.123	0.03575	0.01375	0.0825	0.0715
合计	97	12.79065	20.0705	0.14245	0.13185	0.6746	0.92175
标准		12.12	19.5	0.90	0.42	0.80	1.10
相差		0.67065	0.5705	−0.75755	−0.28815	−0.1254	−0.17825

（3）调整饲料的用量　从表3-28可以看出，能量、粗蛋白质基本符合要求（允许误差为±5%），也可以继续调整使其完全符合标准为止。

（4）计算矿物质饲料和氨基酸的用量　根据配方计算得知，饲料中钙含量比标准低0.75755%、磷低0.28815%，因磷酸氢钙中含有钙和磷，因此，先用磷酸氢钙来满足磷，需磷酸氢钙0.28815%÷18%（磷酸氢钙中磷的含量）= 1.60%。1.60%磷酸氢钙可为日粮提供钙1.60%×23.29%（磷酸氢钙中钙的含量）= 0.37%，钙还差0.75755%−0.37%≈0.39%，可用含钙35.84%的石粉来补充，约需0.39%÷35.84%=1.09%。

此外，蛋氨酸+胱氨酸比标准低0.1254%，可以用蛋氨酸添加剂直接补充。

【小经验】

市售的赖氨酸为L-赖氨酸盐酸盐（98.5%），盐酸盐中赖氨酸含量为80%，因此，赖氨酸实际含量为78.8%（98.5%×80%=78.8%）。例中赖氨酸含量比标准低0.17825%，则赖氨酸补充量为0.17825%÷78.8%=0.23%。

可设定食盐用量为0.37%，维生素添加剂、微量元素添加剂根据实际用量添加，不足100%时可用玉米或小麦麸（或添加剂）补齐，一般情况下，在能量饲料含量调整不大于1%时，对日粮中能量、蛋白质等指标引起的变化不大，可忽略不计。

（5）列出饲料配方及主要营养指标

1）饲料配方。玉米 52%、小麦麸 13.58%（14%-0.42%）、豆粕 19%、棉籽粕 6.5%、菜籽粕 5.5%、磷酸氢钙 1.60%、石粉 1.09%、食盐 0.37%、蛋氨酸 0.13%、赖氨酸 0.23%，合计 100%。

2）营养指标。代谢能 12.79 兆焦/千克、粗蛋白质 20.07%、钙 0.90%、磷 0.42%、赖氨酸 1.10%、蛋氨酸+胱氨酸 0.80%。

2. Excel 表格法

该方法通过先查出鸭的饲养标准和各饲料原料的营养成分，并将相关数据输入 Excel 表格中，进行计算代码设置后，只需输入各饲料原料的百分比，即可计算出配合饲料的营养含量。现将该方法具体介绍如下：利用玉米、小麦麸、豆粕、棉籽饼、鱼粉、磷酸氢钙、石粉等原料为商品肉鸭配制饲料。

（1）查饲养标准　查出商品肉鸭（3~5 周龄）的饲养标准（表 3-29）。

表 3-29　商品肉鸭（3~5 周龄）的饲养标准

代谢能/（兆焦/千克）	粗蛋白质（%）	钙（%）	有效磷（%）	蛋氨酸+胱氨酸（%）	赖氨酸（%）
12.14	17.5	0.85	0.40	0.70	0.85

（2）查原料　查出所提供饲料原料的营养价值（表 3-30）。

表 3-30　饲料原料的营养价值

饲料原料	代谢能/（兆焦/千克）	粗蛋白质（%）	钙（%）	有效磷（%）	蛋氨酸+胱氨酸（%）	赖氨酸（%）
玉米	13.85	8.7	0.02	0.05	0.38	0.24
小麦麸	11.67	15.7	0.11	0.32	0.55	0.63
豆粕	14.81	44.2	0.33	0.16	1.24	2.68
棉籽饼	9.04	36.3	0.21	0.21	1.11	1.40

（续）

饲料原料	代谢能/（兆焦/千克）	粗蛋白质（%）	钙（%）	有效磷（%）	蛋氨酸+胱氨酸（%）	赖氨酸（%）
鱼粉	16.95	60.2	4.04	2.90	2.16	4.72
磷酸氢钙			23.29	18.00		
石粉			35.84	0.01		

（3）数据输入 将表3-29和表3-30的数据按照图3-1的形式输入到Excel表格中。

	A	B	C	D	E	F	G	H
1	饲料原料	百分比（%）	代谢能/（兆焦/千克）	粗蛋白质（%）	钙（%）	磷（%）	蛋氨酸+胱氨酸（%）	赖氨酸（%）
2	玉米		13.85	8.7	0.02	0.05	0.38	0.24
3	小麦麸		11.67	15.7	0.11	0.32	0.55	0.63
4	豆粕		14.81	44.2	0.33	0.16	1.24	2.68
5	棉籽饼		9.04	36.3	0.21	0.21	1.11	1.40
6	鱼粉		16.95	60.2	4.04	2.90	2.16	4.72
7	碳酸氢钙		0	0	23.29	18.00		
8	石粉		0	0	35.84	0.01		
9	食盐							
10	复合添加剂							
11	全价配合饲料							
12	饲养标准		12.14	17.5	0.85	0.40	0.70	0.85

图3-1 全价配合饲料中各饲料原料比例的确定（初始表格1）

（4）操作 将鼠标定位在B11单元格中，用键盘输入“=SUM（B2：B10）”代码（注意在英文状态下输入，引号不用输入，下同），按回车键确定；在C11单元格中输入“=(B2 * C2+B3 * C3+B4 * C4+B5 * C5+B6 * C6+B7 * C7+B8 * C8)/100”，按回车键确定；同样在D11、E11、F11、G11、H11单元格中分别输入如下代码，分别按回车键确定：

=(B2 * D2+B3 * D3+B4 * D4+B5 * D5+B6 * D6+B7 * D7+B8 * D8)/100

=(B2 * E2+B3 * E3+B4 * E4+B5 * E5+B6 * E6+B7 * E7+B8 * E8)/100

=(B2 * F2+B3 * F3+B4 * F4+B5 * F5+B6 * F6+B7 * F7+B8 * F8)/100

=(B2 * G2+B3 * G3+B4 * G4+B5 * G5+B6 * G6+B7 * G7+B8 * G8)/100

=(B2 * H2+B3 * H3+B4 * H4+B5 * H5+B6 * H6+B7 * H7+B8 * H8)/100

在 B11、C11、D11、E11、F11、G11、H11 单元格中按照上述方法输入代码按回车键后，这些单元格中都会显示数字“0”（图 3-2），这是因为各饲料原料的百分比含量还没有确定，还未在相应的单元格中输入各饲料原料的百分比数。

	A	B	C	D	E	F	G	H
1	饲料原料	百分比（%）	代谢能/（兆焦/千克）	粗蛋白质（%）	钙（%）	磷（%）	蛋氨酸+胱氨酸（%）	赖氨酸（%）
2	玉米		13.85	8.7	0.02	0.05	0.38	0.24
3	小麦麸		11.67	15.7	0.11	0.32	0.55	0.63
4	豆粕		14.81	44.2	0.33	0.16	1.24	2.68
5	棉籽饼		9.04	36.3	0.21	0.21	1.11	1.40
6	鱼粉		16.95	60.2	4.04	2.90	2.16	4.72
7	碳酸氢钙		0	0	23.29	18.00		
8	石粉		0	0	35.84	0.01		
9	食盐							
10	复合添加剂							
11	全价配合饲料		0	0	0	0	0	0
12	饲养标准		12.14	17.5	0.85	0.40	0.70	0.85

图 3-2　全价配合饲料中各饲料原料比例的确定（初始表格 2）

（5）初步确定各原料在日粮中的用量　根据各类饲料原料在配合饲料中的经验比例含量（表3-31），初步确定各原料在日粮中的用量，初步设计配方（图3-3）。

表3-31　各类饲料经验比例

饲料类型	谷实类	糠麸类	植物性蛋白质	动物性蛋白质	矿物质	添加剂
经验比例	50%~60%	10%~15%	15%~20%	3%~8%	2%~3%	1%~2%

	A	B	C	D	E	F	G	H
1	饲料原料	百分比（%）	代谢能/（兆焦/千克）	粗蛋白质（%）	钙（%）	磷（%）	蛋氨酸+胱氨酸（%）	赖氨酸（%）
2	玉米	57	7.8945	4.959	0.0114	0.0285	0.2166	0.1368
3	小麦麸	12.5	1.45875	1.9625	0.01375	0.04	0.06875	0.07875
4	豆粕	19	2.8139	8.398	0.0627	0.0304	0.2356	0.5092
5	棉籽饼	7	0.6328	5.541	0.0147	0.0147	0.0777	0.098
6	鱼粉	0.5	0.08475	0.301	0.0202	0.0145	0.0108	0.0236
7	碳酸氢钙	1.6	0	0	0.37264	0.288	0	0
8	石粉	1	0	0	0.3584	0.0001	0	0
9	食盐	0.4						
10	复合添加剂	1						
11	合计	100	12.8847	18.1615	0.85379	0.4162	0.60945	0.84635
12	饲养标准		12.14	17.5	0.85	0.40	0.70	0.85
13	相差		0.7447	0.6615	0.00379	0.0162	-0.09055	-0.00365

图3-3　全价配合饲料中各饲料原料比例的确定（初始配方）

从图3-3中可以看出，与饲养标准相比，初始配方的配合饲料营养成分含量基本符合要求，但各主要营养成分稍高于饲养标准（除蛋氨酸+胱氨酸、赖氨酸外），因此，配方仍可进一步调整优化。

（6）调整配方　利用试差法原理调整初始配方，直至趋于接近饲养标准，二次调整后的配方见图3-4。

	A	B	C	D	E	F	G	H
1	饲料原料	百分比（%）	代谢能/（兆焦/千克）	粗蛋白质（%）	钙（%）	磷（%）	蛋氨酸+胱氨酸（%）	赖氨酸（%）
2	玉米	56.8	7.8668	4.9416	0.01136	0.0284	0.21584	0.13632
3	小麦麸	12.5	1.45875	1.9625	0.01375	0.04	0.06875	0.07875
4	豆粕	19	2.8139	8.398	0.0627	0.0304	0.2356	0.5092
5	棉籽饼	7	0.6328	5.541	0.0147	0.0147	0.0777	0.098
6	鱼粉	0.7	0.11865	0.4214	0.02828	0.0203	0.01512	0.03304
7	碳酸氢钙	1.6	0	0	0.37264	0.288	0	0
8	石粉	1	0	0	0.3584	0.0001	0	0
9	食盐	0.4						
10	复合添加剂	1						
11	合计	100	12.8909	18.2645	0.86183	0.4219	0.61301	0.85531
12	饲养标准		12.14	17.5	0.85	0.40	0.70	0.85
13	相差		0.7509	0.7645	0.01183	0.0219	-0.08699	0.00531

图 3-4 全价配合饲料中各饲料原料比例的确定（调整配方）

【小经验】

利用 Excel 表格配制饲料时需灵活应用，注意饲料的适口性，配制出体积适中、营养适宜的饲料。养殖户还可以根据当地的饲料原料资源、生产需要、市场价格变化，对配方进行调整，以获得最佳的经济效益。

第五节 饲料的加工调制

一、一般饲料的加工调制

1. 粉碎

这种方法指将各种原料粉碎成粉末状。粉碎过细，鸭采食不方便；粉碎过粗，不容易混匀。谷实类饲料是鸭的基本饲料，特别需要合理的加工调制。谷实类、豆类、油饼类可加工成粉后，配合其他饲料喂鸭。各种干叶和优质青干草均应粉碎得细一些，以提高利用率。

2. 拌湿

根据鸭喜吃湿料的习性，可将配合好的混合饲料加入切碎的青饲料，加水拌成半干半湿状喂鸭。用煮熟的甘薯和稀粥调成糊状喂鸭，不但可以提高适口性，还可减少饲料的浪费。

3. 浸泡

这种方法指将外皮坚硬的谷实类饲料，加水浸泡至膨胀、变软，然后捞起喂鸭，以增加适口性，也有利于鸭的吞咽和消化。如喂雏鸭的碎米和初次投喂育成鸭的谷粒，均应浸泡后饲喂。

4. 蒸煮

鸭的饲料一般以生喂为好，因为加热过程会破坏饲料中的消化酶和大部分维生素，还消耗燃料和人力。但有的饲料蒸煮后，口感会改变，增加鸭的食欲，并容易消化。如薯类饲料，煮熟后便于和其他饲料混合，还能改善饲料的适口性。菜籽饼和棉仁饼中含有毒成分，蒸煮2小时后，可脱毒80%以上。大豆经蒸煮后可提高利用率，蛋壳经蒸汽高温消毒，可防止细菌病的传染。

5. 切碎或打浆

青绿多汁的块根、块茎类饲料，切碎、擦丝或打浆，与其他饲料混拌在一起喂鸭，能提高鸭的采食量和饲料利用率。尤其是在雏鸭阶段应切成细丝，以增加其采食量。

6. 焙炒

焙炒的温度比蒸煮还高，可使饲料的淀粉转化为糊精而发出香味，提高鸭的食欲。同时，焙炒对饲料也起到消毒灭菌作用。菜籽饼经焙炒可提高饲用价值。

7. 发芽

谷实类饲料经浸泡一夜后，放在温度为20~27℃、光线较暗的地方发芽，可使其中的淀粉糖化，蛋白质溶解性增加，增加适口性和维生素B的含量。

8. 发酵

向干粉料内加1.5倍的水及1.5%酵母，经充分搅拌后，放在20~27℃温度下，经过6小时的发酵，能使酵母细胞数量增加13~17倍，并产生丰富的维生素。在饲料中加入25%的发酵饲料，能增加蛋鸭的产蛋量，提高种蛋的受精率和孵化率。对雏鸭有促进生长发育的作用。但也有试验证明，发酵后的饲料中有机质损失11%~25%。

9. 颗粒饲料

将配合饲料的原料粉碎、混合、搅拌，加水湿润，再压制成颗粒状（彩图19、彩图20），可提高饲料营养成分的均匀性、全价性，避免鸭择食，减少饲料浪费，也有利于保持鸭体和水源的清洁。用湿粉料喂鸭，粉料常常黏附在鸭体上。机械加工的颗粒饲料可提高饲料利用率5%。

【提示】

饲料加工调制的目的是改善可食性、适口性，提高消化率、吸收率，减少饲料的损耗，便于贮藏。饲料加工调制质量直接关系到规模养鸭的生产技术效果和经济效益。

二、不同类型饲料的加工

1. 能量饲料的加工

能量饲料的营养价值和消化率均较高，但能量饲料中籽实的种皮、壳等，均会影响其消化吸收，因此，能量饲料需经过一定的加工，才能充分发挥其营养物质的作用。常用方法主要是粉碎，但粉碎不能过细，一般粉碎成直径为2~3毫米的颗粒为宜。

【小经验】

能量饲料粉碎后，与外界接触面积增大，容易吸潮和氧化，尤其是含脂肪较多的饲料，易变质发苦，不宜长久保存。因此，能量饲料一次粉碎数量不宜太多。

2. 蛋白质饲料的加工

此类饲料包括棉籽饼（粕）、菜籽饼（粕）、豆饼（粕）、花生饼（粕）等，其中某些原料粗纤维含量高且含有毒成分，作为鸭饲料营养价值低，适口性差，需要进行加工处理。

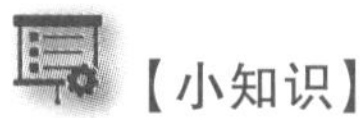
【小知识】

棉籽饼（粕）的有毒成分是游离棉酚，对细胞、血管和神经都有毒性；菜籽饼（粕）的有毒成分是芥子苷（硫代葡萄糖苷），会刺激消化道黏膜，吸收后可引致微血管壁扩张，量大时会使血容量下降和心率降低，同时伴有肝脏、肾脏损害。

（1）棉籽饼（粕）脱毒　常用方法见表 3-32。

表 3-32　棉籽饼（粕）脱毒法

方法	操作
硫酸亚铁石灰水混合液脱毒法	每 100 千克清水放入新鲜生石灰 2 千克，充分搅匀去除石灰残渣，在石灰浸出液中加入硫酸亚铁 200 克，然后投入粉碎棉籽饼（粕）100 千克，浸泡 3~4 小时
硫酸亚铁脱毒法	将 100 千克棉籽饼粉碎，用 300 千克 1%硫酸亚铁溶液浸泡约 24 小时后，水分完全浸入棉籽饼（粕）中，便可用于喂鸭
尿素或碳酸氢铵脱毒法	将 1%尿素溶液或 2%碳酸氢铵溶液与棉籽饼（粕）混拌后堆沤。一般是将粉碎的 100 千克棉籽饼（粕）与 100 千克尿素溶液或碳酸氢铵溶液放在大缸内充分拌匀，在地面铺好塑料薄膜，再把浸泡过的棉籽饼（粕）倒在塑料薄膜上摊成 20~30 厘米厚的堆，堆周围用塑料薄膜严密覆盖。堆放 24 小时后，扒堆摊晒，晒干即可
加热去毒法	将粉碎的棉籽饼（粕）放入锅内加水煮沸 2~3 小时，可部分去毒。此法去毒不彻底，所以在日粮中混入量不宜太多，以占日粮的 5%~8%为佳
碳酸氢钠脱毒法	用 2%碳酸氢钠溶液在缸内浸泡粉碎的棉籽饼（粕）24 小时，取出后用清水冲洗 2 次即可

（2）菜籽饼（粕）脱毒　常用方法见表 3-33。

（3）豆饼（粕）脱毒法　豆饼（粕）脱毒一般采用加热法。将豆饼（粕）在温度 110℃下热处理 3 分钟即可。

（4）花生饼（粕）脱毒法　花生饼（粕）脱毒一般采用加热

法。将花生饼（粕）120℃左右热处理3分钟即可。

表3-33　菜籽饼（粕）脱毒法

方法	操作
土埋法	挖容积为1米^{3}的坑，铺上草席，将粉碎的菜籽饼（粕）加水（饼水比为1∶1）浸泡后装入坑内，2个月后即成
硫酸亚铁法	按粉碎饼（粕）重量的1%称取硫酸亚铁，加水拌入菜籽饼（粕）中，然后100℃蒸30分钟，再放至鼓风干燥箱内烘干或晒干后饲用
硫酸钠法	将菜籽饼（粕）掰成小块，放入0.5%硫酸钠溶液中煮沸2小时左右，不时翻动，熄火后添加清水冷却，滤去处理液，再用清水冲洗几遍即可
浸泡煮沸法	将菜籽饼（粕）粉碎，把粉碎后的菜籽饼（粕）放入温水中浸泡10~14小时，倒掉浸泡液，添水煮沸1~2小时即可

（5）亚麻仁饼（粕）脱毒法　亚麻仁饼（粕）脱毒一般采用加热法。将亚麻仁饼（粕）用凉水浸泡后高温蒸煮1~2小时即可。

（6）鱼粉的加工　鱼粉的加工方法有干法、湿法、土法3种。

1）干法。将原料经过蒸干、压榨、粉碎、成品包装去毒的过程。

2）湿法。将原料经过蒸煮、压榨、干燥、粉碎包装去毒的过程。

【提示】

干法、湿法生产的鱼粉质量好，适用于大规模生产，但投资大。

3）土法。有晒干法、烘干法、水煮法3种。晒干法是原料经盐渍、晒干、磨粉去毒的方法，生产的是咸鱼粉，未经高温消毒，不卫生，含盐量一般在25%左右；烘干法是原料经烘干、磨碎去毒的方法，原料里可不加盐，成品鱼粉含盐量较低，质量比前一种略好；水煮法是原料经水煮、晒干或烘干、磨粉去毒的方法。此法因原料经过高温消毒，质量较好。

3. 青绿饲料的加工

（1）切碎法　切碎法是最简单的加工方法，常用于饲养数量少的养鸭户。切碎有利于鸭吞咽和消化。

（2）干燥法 干燥的牧草及树叶经粉碎加工后，可作为配制鸭日粮的饲料原料，补充日粮中的粗纤维、维生素等营养。

青绿饲料的刈割期为禾本科植物由抽穗至开花期，豆科植物从初花至盛花期，树叶类为秋季。其干燥方法可分为自然干燥和人工干燥。

1）自然干燥。将收割后的牧草在原地暴晒5~7小时，当水分含量降至30%~40%时，再移至避光处风干，待水分降至16%~17%时，即可上垛或打包贮存备用。堆放时，堆垛中间要留有通气孔。在我国北方地区，干草含水量在17%以下易贮存，南方地区应不超过14%。树叶类青绿饲料应放在通风好的地方阴干，要经常翻动，防止发热和日晒，以免影响产品质量。待含水量降到12%以下时，即可进行粉碎。粉碎后最好用尼龙袋或塑料袋密封包装贮藏。

2）人工干燥。有高温干燥法和低温干燥法2种。高温干燥法即在800~1100℃下经过3~5秒钟，使青绿饲料的含水量由60%~85%降至10%~12%；低温干燥法即以45~50℃处理，经数小时使青绿饲料干燥。

【提示】

人工干燥可以保证青绿饲料能随时收割、干燥，并加工成草粉，可以减少霉烂，制成优质干草或干草粉，保存青绿饲料养分的90%~95%。而自然干燥只能保持青绿饲料养分的40%，且胡萝卜素损失较大。但人工干燥工艺要求高，技术性强，且需一定的机械设备及费用等。

三、全价配合饲料的加工

1. 加工程序

全价配合饲料的加工一般分为原料清理、粉碎、配料、混合、制粒、筛分和包装（或散装）等工序。

（1）原料清理 此工序主要是清除原料中的杂质，如铁屑和石块等杂物。

（2）粉碎 粉碎是加工中最重要的工序之一，借助饲料粉碎机（彩图 21、彩图 22）可以使团块或粒状的饲料原料体积变小，粉碎成鸭饲养标准所要求的粒度，它关系到配合饲料的质量、产量、耗电和成本。原料经粉碎后，其表面积增大，便于鸭消化吸收。鸭饲料的粉碎粒度取决于饲料采取制粒或粉料饲喂的方式（干喂或是拌湿喂）。蛋鸭日粮中谷实类粉碎粒度以中等颗粒为宜，即几何平均直径为 0.7~0.9 毫米。随日龄增加，粉碎粒度也相应变大。

【提示】

鸭的消化道相对较短，适度粉碎可增加饲料的表面积，从而有利于消化酶对其充分发挥消化作用，同时，也可在一定程度上对谷实类的纤维素外壳造成机械性破坏，使其中的营养物质暴露出来，提高饲料的利用率。

（3）配料 配料即按给定配方，采用特定配料装置，对多种原料进行给料和称量的过程，是保证全价配合饲料产品质量的重要环节。考虑到称量精度及部分成分可能具有腐蚀性，预混料添加剂通常是人工称量后直接投入混合设备中。

（4）混合 此工序指将饲料配方中的各种成分，按规定的重量比例混合均匀，使得整体中的每一小部分，甚至是一粒饲料，其成分比例都与配方所要求的一样。饲料混合的好坏，对保证全价配合饲料的质量起重要作用。要做到均匀混合，微量养分如氨基酸、维生素、矿物质等应经过预混合，制成预混料。在预混合时应先添加量大的成分，然后再添加量少的成分，混合时间长短应通过检验饲料混合均匀度的试验来确定。预混料的变异系数（CV）要求不大于 5%，而全价配合饲料的变异系数要求不大于 10%。

（5）制粒 把粉状的饲料制成颗粒状的饲料要通过挤压才能完成。一般将饲料混合物添加 4%~6%的水（通常用蒸汽调制，适宜温度在 98℃左右），进入制粒机后，饲料含水量由环境温度下的风干状态（含水量为 10%~12%）增至 80℃~90℃的 15%~16%。水分在挤压时起到润滑作用，热使植物性饲料成分表面的生淀粉发生糊化作用。饲料随后从环模出料口挤出时，进一步摩擦使饲料的温度提高到近90℃，必须冷却至温度略高于环境温度，同时干燥至含水量为12%以下，才可进入下一工序。

（6）筛分和包装　制粒后的全价配合饲料经筛分除去碎渣和粉末，包装后贮藏。碎渣和粉末再返回加工。

2. 生产工艺

【提示】

目前我国全价配合饲料一般采用重量式配料、间歇混合、分批次生产的工艺。这种生产工艺在实践中可分为两类：一类是先粉碎后配料的生产工艺，另一类是先配料后粉碎的生产工艺。

（1）先粉碎后配料的生产工艺　目前我国较多采用的生产工艺。

① 工艺流程。原料接收→清理除杂（筛理、磁选）→粉碎→配料→混合→制粒→筛分→粒料成品包装（或散装）→粉料成品包装（或散装）。

② 工艺特点。原料可分品种进行粉碎，有利于充分发挥粉碎机的效能，可按物料特性、品种（生长阶段）、对象生理要求选择粉碎粒度。由于原料按品种分别粉碎，因而需要较多的配料仓。同时，由于频繁更换粉碎原料，操作麻烦。但这种工艺对原料品种较多、配方多变、配比要求高的蛋鸭饲料生产是适用的。

（2）先配料后粉碎的生产工艺　目前我国仅有少数家禽饲料生产采用这种生产工艺。

① 工艺流程。原料接收（清杂）→配料→筛理→粉碎→混合→制粒→筛分→粒料成品包装（或散装）→粉料成品包装（或散装）。

② 工艺特点。先行配料并统一粉碎，所以混合前饲料原料组分粉碎粒度均匀一致，便于生产颗粒饲料；可以节省料仓，因此种工艺的配料仓即是原料和辅料的贮存仓，粉碎仓只起缓冲作用；工艺的连续性要求设备配套性能好，技术水平高，在配料后设筛理工序可以将不需粉碎的粉状原料与辅料筛出，直接送至搅拌机混合。

第四章
鸭的饲料配方实例

第一节　预混料配方

一、我国推荐的鸭用预混料配方

我国推荐的鸭用预混料配方见表 4-1。

表 4-1　我国推荐的鸭用预混料配方（每 10 千克含量）

配方成分	雏鸭	生长鸭	蛋鸭
维生素 A/国际单位	14000000	10500000	7000000
维生素 D_3/国际单位	3000000	2300000	1500000
维生素 E/国际单位	2400	18000	12000
甲萘醌/克	4. 0	3. 0	2. 0
维生素 B_2/克	10. 0	7. 50	5. 0
维生素 B_1/克	2. 0	1. 50	1. 0
氯化胆碱/克	150. 0	100. 0	200. 0
泛酸/克	16. 0	12. 0	8. 0
烟酸/克	70. 0	53. 0	35. 0
维生素 B_6/克	4. 0	3. 0	2. 0
维生素 B_{12}/毫克	20. 0	15. 0	10. 0
生物素/毫克	100. 0	75. 0	50. 0

（续）

配方成分	雏鸭	生长鸭	蛋鸭
叶酸/克	2.0	1.5	1.0
铜/克	6.0	6.0	6.0
铁/克	60.0	60.0	60.0
锰/克	70.0	70.0	70.0
碘/克	2.0	2.0	2.0
硒/克	0.2	0.2	0.2
锌/克	90.0	90.0	90.0
钴/克	0.50	0.50	0.50
抗氧化剂/克	适量	适量	适量
赖氨酸/克	适量	适量	
蛋氨酸/克	适量		500
抗生素/克	适量	适量	
载体/千克	加至 10.0	10.0	10.0

注：此配方按每吨配合饲料 10 千克添加。

二、美国国际营养公司推荐的通用型鸭预混料配方

美国国际营养公司推荐的通用型鸭预混料配方见表 4-2。

表 4-2　美国国际营养公司推荐的通用型鸭预混料配方（每 2 千克含量）

配方成分	每 2 千克含量	配方成分	每 2 千克含量
维生素 A/国际单位	10000000	维生素 B_{12}/毫克	8.0
维生素 D_3/国际单位	1500000	维生素 K（按活性计）/毫克	2000
维生素 E/国际单位	2000	铜/克	5.0
维生素 B_2/毫克	5000	铁/克	45.0

（续）

配方成分	每 2 千克含量	配方成分	每 2 千克含量
维生素 B_1/毫克	600	锰/克	50.0
氯化胆碱/毫克	240000	碘/克	0.6
D-泛酸钙/毫克	9000	硒/毫克	100
烟酸/毫克	40000	锌/克	60.0
维生素 B_6/毫克	1500	乙氧基喹啉/毫克	25000

注：此配方每吨配合饲料的添加量为：雏鸭 2.5 千克，生长鸭、成年鸭、种鸭 2 千克。

三、澳大利亚西澳农民有限公司推荐的鸭预混料配方

澳大利亚西澳农民有限公司推荐的鸭预混料配方见表 4-3。

表 4-3 澳大利亚西澳农民有限公司推荐的鸭预混料配方（每 5 千克含量）

配方成分	每 5 千克含量	配方成分	每 5 千克含量
维生素 A/国际单位	15000000	维生素 B_{12}/毫克	15.0
维生素 D_3/国际单位	4000000	维生素 K/克	1.0
维生素 E/国际单位	25000	铜/克	10.0
维生素 B_2/克	20.0	铁/克	25.0
氯化胆碱/克	500.0	锰/克	65.0
D-泛酸钙/克	8.0	碘/克	1.79
烟酸/克	70.0	蛋氨酸/克	1500.0
维生素 B_6/克	2.0	锌/克	80.0
叶酸/克	3.0	赖氨酸/克	1000.0
抗球虫药/克	125.0	生物素/毫克	100.0
载体/千克	加至 5.0	杆菌肽锌/克	20.0

注：此配方按每吨配合饲料 5 千克添加。

第二节 全价配合饲料配方

一、肉鸭饲料配方

（1）商品肉鸭饲料配方 商品肉鸭饲料配方见表4-4~表4-10。

表4-4 商品肉鸭饲料配方一 （质量分数，%）

饲料原料	0~14日龄			15~41日龄			42日龄至出栏		
玉米	54.5	55.3	54.6	58.4	58.4	58.7	60.3	58.5	58.5
小麦麸	4	4	4	4	4	6	7	10	8
豆粕	31.7	32.6	30.8	26	27.3	26	22	22	22
棉籽饼		1.5	2	3	3		2	2	2
菜籽粕	3.2		2	3	3	3	4	3	3
高粱									2
鱼粉	3	3	3	2		2	1	1	
磷酸氢钙	0.3	0.3	0.3	0.3	1	2	1.4	1.2	2.2
石粉	0.2	0.2	0.2	0.2	0.2	1	1	1	1
肉骨粉	1.8	1.8	1.8	1.8	1.8				
食盐	0.3	0.3	0.3	0.3	0.3	0.3	0.3	0.3	0.3
1%预混料	1	1	1	1	1	1	1	1	1
合计	100	100	100	100	100	100	100	100	100

注：配方参照NY/T 2122—2012《肉鸭饲养标准》配制。

表4-5 商品肉鸭饲料配方二 （质量分数，%）

饲料原料	0~3周龄			4周龄以后		
玉米	54.7	54.1	55.6	57.2	58	58
小麦麸				2	3.3	2.3
豆粕	25.8	23.5	28.6	20.4	22	22

（续）

饲料原料	0~3 周龄			4 周龄以后		
菜籽粕	2	5		2		3
花生粕	3			2		
向日葵仁粕					3	
鱼粉	2	4	3	2	2	2
次粉	7	8.5	7.9	9	5.8	6.9
油脂	2.1	2	1.6	2.5	2.9	2.8
磷酸氢钙	1.1	0.7	1	0.9	0.8	0.9
石粉	1	1	1	0.7	0.9	0.8
食盐	0.3	0.2	0.3	0.3	0.3	0.3
1%预混料	1	1	1	1	1	1
合计	100	100	100	100	100	100

注：配方参照 NY/T 2122—2012《肉鸭饲养标准》配制。

表 4-6　商品肉鸭饲料配方三　（质量分数,%）

饲料原料	1~10 日龄		11~25 日龄		26~42 日龄		
玉米	46.77	56.4	45	56	50.34	60	56
小麦麸	5	4.8	5	5			
豆粕	9.9	26	3.9	12		11	16.2
玉米 DDGS	8		10		9		
菜籽粕		2		9		3.5	3.5
棉籽粕				5			
花生粕	6		7		9		
玉米蛋白粉	2.8		4		5		
鱼粉		3					
次粉	17		20		21	14.3	9.6

（续）

饲料原料	1~10 日龄		11~25 日龄		26~42 日龄		
统糠		4		6		6	9.5
豆油			0.81		1.89		
磷酸氢钙	1.27	1.5	0.98	1.6	0.65	1.7	1.7
石粉	1.54	1	1.43	1.2	1.2	1.2	1.2
沸石粉				3			
L-赖氨酸	0.72		0.88		0.92		
食盐		0.3		0.2		0.3	0.3
膨润土						1	1
1%预混料	1	1	1	1	1	1	1
合计	100	100	100	100	100	100	100

注：配方参照 NY/T 2122—2012《肉鸭饲养标准》配制。

表 4-7　商品肉鸭饲料配方四　　（质量分数，%）

饲料原料	0~14 日龄				15~28 日龄				29 日龄至出栏			
玉米	51	52	50	42.75	53.5	50.65	56	60	60	59.2	57.7	59.7
小麦				20	20	20						
小麦麸									6	7	6	4
豆粕	29	28.3	32.3	8.7	12.3	11.2	16.2	11	12	18	20	18.5
棉籽粕				8.5	3.5	3				2		3
菜籽粕				8	3.5	4	3.5	3.5	3.5	2	2	2
花生粕				7.6	2.2	3						
鱼粉	2	2	2	1.5	2	3						
统糠	3.5		3				9.5	6			1	
次粉	9.3	12.5	7.5				9.6	14.3	14.3	8.0	9.5	9

（续）

饲料原料	0~14 日龄				15~28 日龄				29 日龄至出栏			
磷酸氢钙	1.7	1.7	1.7	0.85	0.9	0.9	1.7	1.7	1.7	1.5	1.4	1.3
石粉	1.2	1.2	1.2	0.8	0.8	0.95	1.2	1.2	1.2	1	1.1	1.2
油脂						2						
膨润土	1	1	1				1	1				
食盐	0.3	0.3	0.3	0.3	0.3	0.3	0.3	0.3	0.3	0.3	0.3	0.3
1%预混料	1	1	1	1	1	1	1	1	1	1	1	1
合计	100	100	100	100	100	100	100	100	100	100	100	100

注：配方参照 NY/T 2122—2012《肉鸭饲养标准》配制。

表 4-8　樱桃谷肉鸭饲料配方一　（质量分数，%）

饲料原料	0~21 日龄				22 日龄至出栏			
玉米	54.7	55	55.7	54	57.5	55.1	55	55
小麦麸	4	6		5	5	5	10	10
豆粕	25.5	24.7	25	24.8	22.5	21.5	22.5	19.2
棉籽饼	2.5	2				2		
菜籽粕	2.5	2	5	2	2	3	3.7	3
高粱							3	5
鱼粉	3.5	3	3	3	2	2	2	4
次粉	3	3	7	7	7	7.5		
磷酸氢钙	2	2	2	1.9	1.5	1.5	1.5	1.5
石粉	1	1	1	1	1.2	1.1	1	1
食盐	0.3	0.3	0.3	0.3	0.3	0.3	0.3	0.3
1%预混料	1	1	1	1	1	1	1	1
合计	100	100	100	100	100	100	100	100

表 4-9 樱桃谷肉鸭饲料配方二 (质量分数,%)

饲料原料	0~15 日龄			16~25 日龄			26 日龄至出栏		
玉米	61	55.27	48.77	63	61.22	48	66	67.47	53.34
小麦麸			5			4	2		
豆粕	12	34.5	9.9	7	26	2.9	1	17.4	
棉籽粕	4	1		4	2		4	3	
菜籽粕	3	1		3	2		3	3	
花生粕	3	1	6	5	2	7	6	3	8
玉米蛋白粉	5		2.8	4		4	3		4
玉米 DDGS			8			9			9
次粉	7		15	7		20	8		20
植物油	0.5	3		2.1	3	0.81	2.5	3	1.89
磷酸氢钙	0.8	1.65	1.27	1.1	1.4	0.98	0.8	0.85	0.65
石粉	1.4	1.28	1.54	1.4	1.08	1.43	1.5	0.93	1.2
DL-蛋氨酸	0.15			0.15			0.1		
L-赖氨酸	0.8		0.72	0.9		0.88	0.75		0.92
食盐	0.35	0.3		0.35	0.3		0.35	0.35	
1%预混料	1	1	1	1	1	1	1	1	1
合计	100	100	100	100	100	100	100	100	100

表 4-10 樱桃谷肉鸭饲料配方三 (质量分数,%)

饲料原料	0~2 周龄				3~4 周龄				5~6 周龄			
玉米	54.8	54	55.8	54.7	54.6	57	60	57.8	62	59	57	58.5
小麦麸	5	5	5	5	5	5	3.6	4	5	7	5	7
碎米	2	2			3			2			5	2
次粉	4	4	6	6	7	7	6	5	7	7	7	7
豆粕	25	26.3	27	23	22	24.5	22	18.7	22.5	17.5	17.5	20

（续）

饲料原料	0~2 周龄				3~4 周龄				5~6 周龄			
棉籽粕		1		2			2	2		2	2	1
菜籽粕	1	1		2			2	2		2	2	1
花生粕				2				2				
玉米蛋白粉	1					2						
玉米 DDGS					3			2		2		
鱼粉	4	3.5	3	2	2	1	1	1			1	
磷酸氢钙	1.2	1.2	1.2	1.3	1.4	1.4	1.2	1.5	1.5	1.5	1.5	1.5
石粉	1	1	1	1	1	1.1	1.2	1	1	1	1	1
1%预混料	1	1	1	1	1	1	1	1	1	1	1	1
合计	100	100	100	100	100	100	100	100	100	100	100	100

【提示】

饲料配方的应用效果会受到许多因素影响，如饲料原料的种类、营养成分、产地、等级，肉鸭品种，生产加工工艺，饲养管理等。选择配方时，最好因地制宜结合本场实际情况而定。

（2）肉种鸭饲料配方　肉种鸭饲料配方见表 4-11～表 4-13。

表 4-11　樱桃谷 SM3 肉种鸭参考饲料配方一　（质量分数，%）

饲料原料	0~4 周龄	5~8 周龄	9~20 周龄	21~24 周龄	25~55 周龄			56~75 周龄
玉米	55.47	62	61.98	52.92	54.87	54.34	57.42	55.02
小麦						5	5	
小麦麸		3.4	5.5	6.0				
豆粕	30.5	23.5	19.5	23	30	21.1	21.8	27.5
鱼粉	2	2		2	3	4	4	3
次粉	5	5	9	9				4

（续）

饲料原料	0~4周龄	5~8周龄	9~20周龄	21~24周龄	25~55周龄			56~75周龄
米糠粕						3.9		
豆油	1.2				0.9		0.1	0.5
磷酸氢钙	1.7	1.8	1.6	1.4	1.35	1.16	1.2	1.2
石粉	0.85	1	1.1	4.4	7.6	8.6	8.58	6.75
肉骨粉	2				1			0.75
食盐	0.28	0.3	0.32	0.28	0.28	0.24	0.24	0.28
赖氨酸						0.33	0.33	
DL-蛋氨酸						0.26	0.26	
L-苏氨酸						0.07	0.07	
1%预混料	1	1	1	1	1	1	1	1
合计	100	100	100	100	100	100	100	100

表 4-12　樱桃谷 SM3 肉种鸭参考饲料配方二（质量分数,%）

饲料原料	0~4周龄			5~20周龄			21周龄以后		
玉米	57	56	56	60	61	60	55.2	55	55
小麦麸	3.7	4		4	5	6.5	2	4	
豆粕	28	27.9	28.2	21.6	21.2	19	30	28	28
菜籽粕	2		2.5						
鱼粉	3	3	2			2	3	3	3
次粉	2	5	7	9	8	8			4
磷酸氢钙	2	1.8	2	1.3	0.8	0.7	1	1.2	1.2
石粉	1	1	1	0.8	0.7	0.5	5.5	5.5	6.5
肉骨粉				2	2	2	2	2	1

（续）

饲料原料	0~4周龄			5~20周龄			21周龄以后		
食盐	0.3	0.3	0.3	0.3	0.3	0.3	0.3	0.3	0.3
1%预混料	1	1	1	1	1	1	1	1	1
合计	100	100	100	100	100	100	100	100	100

表4-13 樱桃谷种鸭参考饲料配方 （质量分数,%）

饲料原料	育雏期（0~4周龄）				育成期（5~24周龄）				产蛋期（25~75周龄）			
玉米	57.7	57.5	56.2	59.2	63.2	58.5	58.5	59.5	54.5	52.6	51.8	50.7
小麦麸	4	2.8	3		9.0	8.7	8.5	9.5	2.5			
次粉	4	5	6	4	4	6	6.2	7		3	4	6
豆粕	25.5	23.4	24	24	20	18	14	16	28.5	24.8	25.8	25.8
棉籽粕		2	2	2			2	2		3	2	3
菜籽粕	2	2.5	2	3			2			3	2.8	
花生粕				2								
玉米DDGS						2	2					
米糠						3	3	2.2				
鱼粉	3	3	3	2					3	2	2	3
磷酸氢钙	1.3	1.3	1.3	1.4	1.3	1.3	1.3	1.3	2.3	2.3	2.3	2.3
石粉	1.2	1.2	1.2	1.1	1.2	1.2	1.2	1.2	7.9	8	8	7.9
食盐	0.3	0.3	0.3	0.3	0.3	0.3	0.3	0.3	0.3	0.3	0.3	0.3
1%预混料	1	1	1	1	1	1	1	1	1	1	1	1
合计	100	100	100	100	100	100	100	100	100	100	100	100

注：配方参照DB32/T 1991—2012《樱桃谷父母代种鸭饲养技术规程》配制。

二、蛋鸭饲料配方

（1）雏鸭饲料配方　雏鸭饲料配方见表4-14~表4-16。

表 4-14　雏鸭饲料配方一　　（质量分数,%）

饲料原料	配方（0~4 周龄）						
玉米	51.3	56.3	56.3	53.2	53.8	57.1	56.3
小麦麸	4	5	11	10.3	10.3	10	10
豆粕	26	27	26	26.7	27	27	24.8
菜籽粕							3
鱼粉	3	3	3	3	2	2	2
次粉	12	5		3	3		
磷酸氢钙	1.5	1.5	1.5	1.6	1.6	1.6	1.6
石粉	0.9	0.9	0.9	0.9	1	1	1
食盐	0.3	0.3	0.3	0.3	0.3	0.3	0.3
1%预混料	1	1	1	1	1	1	1
合计	100	100	100	100	100	100	100

表 4-15　雏鸭饲料配方二　　（质量分数,%）

饲料原料	配方（0~3 周龄）					
玉米	56.7	56.5	57.1	56.5	56.6	52
小麦麸	11.7	9.9	13.9	10.1	10.2	10.4
豆粕	25.8	29.8	21.7	24.8	24.6	24
花生粕						3
菜籽粕					3	
碎米						5
向日葵仁粕				3		
鱼粉	2		4	2	2	2
磷酸氢钙	1.8	1.8	1.3	1.5	1.5	1.6
石粉	0.7	0.7	0.8	0.8	0.8	0.7

（续）

饲料原料	配方（0~3 周龄）					
食盐	0.3	0.3	0.2	0.3	0.3	0.3
1%预混料	1	1	1	1	1	1
合计	100	100	100	100	100	100

表 4-16 雏鸭饲料配方三 （质量分数,%）

饲料原料	配方（0~2 周龄）				
玉米	57	52	44.5		17.5
小麦麸	3.1	6.1	6	4	4
小麦				12	
大麦			14	5.5	13
稻谷		5		12	
碎米			6	38.5	37
米糠			1.7	1.5	2
豆粕	29	28	19	10	10
棉籽饼	4	2	1		
芝麻饼				10	9.2
鱼粉	3	3	5	5	5
磷酸氢钙					0.6
石粉	0.4	0.4	0.55	0.2	0.45
骨粉	1.9	1.92	0.95		
食盐	0.3	0.3			
DL-蛋氨酸	0.1	0.08	0.1	0.07	0.05
L-赖氨酸	0.2	0.2	0.2	0.23	0.2
1%预混料	1	1	1	1	1
合计	100	100	100	100	100

（2）青年蛋鸭饲料配方　青年蛋鸭饲料配方见表4-17～表4-19。

表4-17　生长期蛋鸭饲料配方　（质量分数,%）

饲料原料	配方（5~8周龄）						
玉米	56.1	55.1	55.1	57.1	54.1	54.1	55.1
小麦麸	5	5	4	4	4	5	3
豆粕	18	18	22	21	15	20	21
菜籽粕	5	3			5	2	0
鱼粉	2	2	2	2	3	2	2
次粉	10	13	13	12	15	13	13
磷酸氢钙	1.6	1.6	1.6	1.6	1.6	1.6	1.6
石粉	1	1	1	1	1	1	1
肉骨粉							2
食盐	0.3	0.3	0.3	0.3	0.3	0.3	0.3
1%预混料	1	1	1	1	1	1	1
合计	100	100	100	100	100	100	100

表4-18　育成期蛋鸭饲料配方　（质量分数,%）

饲料原料	配方（9~19周龄）						
玉米	50.1	46.1	49.2	53.2	54.2	49.2	50.2
小麦麸	10	10	14	10	12	20	23
豆粕	15	18	14	15	13	15	14
棉籽饼	2		5	5	2		2
菜籽粕	2	2			3	5	5
高粱	4	5	12	11	10	5	
鱼粉	2	2	2	2	2	2	1
次粉	10	12					

（续）

饲料原料	配方（9~19 周龄）						
磷酸氢钙	1.6	1.6	1.7	1.7	1.7	1.7	1
石粉	1	1	0.8	0.8	0.8	0.8	0.5
肉骨粉	1	1					2
食盐	0.3	0.3	0.3	0.3	0.3	0.3	0.3
1%预混料	1	1	1	1	1	1	1
合计	100	100	100	100	100	100	100

表 4-19 青年鸭饲料配方 （质量分数，%）

饲料原料	配方（3~8 周龄）					配方（9 周龄至开产）				
玉米	49	50	40	43	11	49	53.5	36.3	35.3	
小麦麸	13.6	12	5	6.5	4	14	9.6	13	14.5	13
小麦					13		5			
大麦				11				11		12
稻谷		7.6	11		11.4				4.5	4
高粱	8					12				
碎米			9	5	40		5	10	12.6	39.02
米糠			4	7	5			11	14	14
豆粕	18	19		12		14	15.8	7.1		
菜籽饼			5	5	6			5	5	3
棉籽饼	5	5	5	3.6	3.1	5	5	3	3.9	4
花生饼			10						6.00	
芝麻饼			3.9	0						6.3
鱼粉	3	3	4	4	4	3	3	1	1	1
磷酸氢钙			1.04		0.97				0.98	

（续）

饲料原料	配方（3~8 周龄）					配方（9 周龄至开产）				
石粉	0.3	0.3	0.8	0.5	0.3		0.1	0.3	1.2	1.2
骨粉	1.63	1.61		1.2		1.7	1.7	1.2		1.2
食盐	0.3	0.3	0.2	0.2	0.2	0.3	0.3			
DL-蛋氨酸	0.08	0.1	0.06		0.03			0.1	0.02	0.08
L-赖氨酸	0.09	0.09								0.2
1%预混料	1	1	1	1	1	1	1	1	1	1
合计	100	100	100	100	100	100	100	100	100	100

（3）产蛋鸭饲料配方　产蛋鸭饲料配方见表 4-20~表 4-25。

表 4-20　产蛋前期蛋鸭饲料配方一　（质量分数，%）

饲料原料	配方（21 周龄~5%产蛋率）					
玉米	65.3	66.2	65.6	65.4	65.7	61.5
小麦麸	12.3	9.5	10.4	14	10.7	11.3
豆粕	17.0	20.6	14.7	13.4	14.2	17.7
花生粕						4
菜籽粕					4	
葵花籽粕			4			
鱼粉	2		2	4	2	2
磷酸氢钙	1.2	1.5	1.2	0.9	1.2	1.2
石粉	0.9	0.9	0.9	1.0	0.9	1.0
食盐	0.3	0.3	0.2	0.3	0.3	0.3
1%预混料	1	1	1	1	1	1
合计	100	100	100	100	100	100

表 4-21　产蛋前期蛋鸭饲料配方二　（质量分数,%）

饲料原料	配方（20~23 周龄）							
玉米	57	56	56	58.2	53.9	57.2	57.2	53.2
小麦麸	10	12	11	9	14	9	9	4
豆粕	24	19	18	23	23	20	17	19
棉籽饼							3	
菜籽粕		4	4			5	5	5
鱼粉	2	2	4	2	2	2	2	2
次粉								10
磷酸氢钙	1.7	1.7	1.7	1.5	1.2	1.2	1.2	1.3
石粉	4	4	4	5	4.6	4.3	4.3	4.2
食盐	0.3	0.3	0.3	0.3	0.3	0.3	0.3	0.3
1%预混料	1	1	1	1	1	1	1	1
合计	100	100	100	100	100	100	100	100

表 4-22　产蛋鸭饲料配方一　（质量分数,%）

饲料原料	配方（24~70 周龄）						
玉米	53.5	53.5	52.7	52.8	52	45.8	45.7
小麦麸	7	7.4	7.1	6.4	6.7		
豆粕	26.3	25	27.9	24.5	22	19	22
棉籽饼					2	3	
菜籽粕				4	5	5	5
鱼粉	3	4	2	2	2	3	2
次粉						14	15
磷酸氢钙	1.7	1.7	1.7	1.7	1.7	1.7	1.7
石粉	7.2	7.1	7.3	7.3	7.3	7.2	7.3

（续）

饲料原料	配方（24~70 周龄）						
食盐	0.3	0.3	0.3	0.3	0.3	0.3	0.3
1%预混料	1	1	1	1	1	1	1
合计	100	100	100	100	100	100	100

表 4-23　产蛋鸭饲料配方二　（质量分数,%）

饲料原料	配方（达到 5%产蛋率以后）					
玉米	52.7	52.9	48.8	52.4	52.4	52.7
小麦麸	10.2	6.8	7.4	6.7	8.5	6.5
豆粕	23.9	24.7	23.2	31	27.5	25.2
花生粕		2	3			2
菜籽粕		2	4			
向日葵仁粕			2			
鱼粉	4	2	2		2	
碎米						4
磷酸氢钙	0.6	1.2	1.2	1.5	1.2	1.2
石粉	7.3	7.1	7.1	7.1	7.1	7.1
食盐	0.3	0.3	0.3	0.3	0.3	0.3
1%预混料	1	1	1	1	1	1
合计	100	100	100	100	100	100

表 4-24　产蛋鸭饲料配方三　（质量分数,%）

饲料原料	产蛋高峰前期		产蛋高峰后期	
玉米	64	60	60	57.4
小麦麸		5	6	7

（续）

饲料原料	产蛋高峰前期		产蛋高峰后期	
豆粕	18	14	15	18
菜籽饼	1.3	2.8	1	
棉籽饼	2	2	4.6	4
芝麻饼	1	2.6		
鱼粉	3	3	3	3
磷酸氢钙	1.1	1.1	1	1
石粉	8.2	8	8	8.2
食盐	0.3	0.3	0.3	0.3
DL-蛋氨酸	0.1	0.1	0.1	0.1
L-赖氨酸		0.1		
1%预混料	1	1	1	1
合计	100	100	100	100

表 4-25　产蛋鸭饲料配方四　（质量分数,%）

饲料原料	配方（100 日龄至淘汰）											
玉米	57.3	54.7	39.1	51.9	49.0	46.4	54.2	51.5	48.9	51.7	50.3	51.95
小麦麸	8.2	4.5	14.2	12.3	9.2	5.7	7.1	3.6		12.2	10.3	10.4
豆粕	24.7	31	30.9	20	25	31.1	21.4	27.1	32.8	26.8	30.1	27.2
鱼粉			3	3	4	4	3.5	4	4.5			
磷酸氢钙	1.5	1.5	1.5	1.5	1.5	1.5	1.5	1.5	1.5	1	1	1.35
石粉	7	7	7	7	7	7	7	7	7	7	7	7.8
大豆油			3	3	3	3	4	4	4			
食盐	0.3	0.3	0.3	0.3	0.3	0.3	0.3	0.3	0.3	0.3	0.3	0.3
1%预混料	1	1	1	1	1	1	1	1	1	1	1	1
合计	100	100	100	100	100	100	100	100	100	100	100	100

（4）绍兴鸭饲料配方　绍兴鸭饲料配方见表4-26。

表4-26　绍兴鸭饲料配方　（质量分数,%）

饲料原料	0~4周龄				5周龄至开产				产蛋鸭或种鸭			
玉米	55.59	54.34	53.9	57.2	53.99	53.48	52	53	56.9	55.9	57.5	57.7
小麦麸	8	9	7	9	9	14	15.5	15	7	8	5	5
次粉	5	5	5		7.5	9	9	9.5				
豆粕	25	26	26	26	15	20	17	14	25	24.5	22	22.6
棉籽粕			2	2	3		1	1			2	2
菜籽粕			2	2	3		2	2			2	2
米糠					5							
鱼粉	3	2						2	1.5	2	2	1
磷酸氢钙	1.2	1.4	1.4	1.3	1.2	1.2	1.2	1.2	1.2	1.1	1	1
石粉	0.9	0.9	1.3	1.1	1	1	1	1	7	7.1	7.1	7.3
食盐	0.3	0.3	0.3	0.3	0.3	0.3	0.3	0.3	0.3	0.3	0.3	0.3
DL-蛋氨酸	0.01	0.05	0.05	0.05	0.01	0.02			0.1	0.1	0.1	0.09
L-赖氨酸		0.01	0.05	0.05								0.01
1%预混料	1	1	1	1	1	1	1	1	1	1	1	1
合计	100	100	100	100	100	100	100	100	100	100	100	100

注：配方参照NY/T 827—2004《绍兴鸭饲养技术规程》配制。

（5）金定鸭饲料配方　金定鸭饲料配方见表4-27。

表4-27　金定鸭饲料配方　（质量分数,%）

饲料原料	育雏期				育成期				产蛋期			
玉米	56.7	56.2	56.7	55.7	54.65	56.11	55.12	55.2	54.4	56.21	52.5	57.4
小麦麸	8	8	7	7	12	13	12	11	5	5	6	2
次粉					11.4		5	5				
稻谷						5	3	8				
豆粕	28.5	27.5	26	27.5	12	16	14	12	24.92	26.3	22.26	26.2
棉籽粕			2.5	3	3	3	4	3	3		2	

（续）

饲料原料	育雏期				育成期				产蛋期			
菜籽粕		2	2	3	3	3	3	2	2		4	2
鱼粉	3	2.5	2							2	3	2
磷酸氢钙	1.5	1.5	1.5	1.5	1.5	1.5	1.5	1.5	2.3	2.2	1.9	2.1
石粉	1	1	1	1	1	1	1	1	7	6.9	7	7
食盐	0.3	0.3	0.3	0.3	0.3	0.3	0.3	0.3	0.3	0.3	0.3	0.3
DL-蛋氨酸					0.15	0.09	0.08		0.08	0.09	0.04	
1%预混料	1	1	1	1	1	1	1	1	1	1	1	1
合计	100	100	100	100	100	100	100	100	100	100	100	100

注：配方参照金定鸭营养需要量（表3-3）配制。

第五章
鸭饲料的质量控制

第一节　饲料原料质量控制

一、饲料原料的选购

1. 了解饲料原料的特性

各种饲料原料均具有其特性，应特别明确每种饲料原料对哪些品种可以使用，哪些品种不可以使用，最大用量是多少等。如蚕蛹粉必须要限量使用，用量一般不超过5%，若配合饲料中用量较大，长期持续使用将会使鸭肉有异味。

2. 了解和利用饲料原料的物性

饲料原料有各种各样的物性，如有的易粉碎，有的难以粉碎；有的尘土多，有的尘土少；有的易混合，有的难以混合；有的适口性好，有的适口性差；有的异味大，有的异味小等，选购时要充分了解和利用这些物性。如使用适量的玉米可使饲料外观好；使用少量的油脂和液体原料可抑制生产中的尘埃；为保持配合饲料的适口性，可以使用香料、味精、糖蜜等原料。

3. 选择价廉物美的饲料原料

由于饲料原料有地域差价和季节差价，因此，某一种饲料原料可能在某一个地方某一段时间内很好地被利用，也可能无法利用。如当鱼粉价格高时，可多用饼粕类；相反，可适当多用些鱼粉。当饼粕类价格上涨时，可适当多用些杂粕；相反，可少用杂粕，从而降低饲料成本。

4. 适当控制所用饲料原料的种类

使用饲料原料种类多，可以弥补饲料营养上的欠缺，但饲料原料的种类越多，加工成本相应也会提高，因此，配制饲料时应适当减少使用饲料原料的种类。

5. 严格把关饲料原料的质量

对饲料原料的各种要求、规格、等级均应掌握，选购时要特别注意，并对大宗的高价饲料原料进行采样化验，结果符合要求后再采购。

【提示】

饲料原料是生产配合饲料的物质基础，饲料成本占生产总成本的60%~80%。饲料原料的品质及其配合在很大程度上影响鸭的生产力和畜产品的质量。原料采购是保证原料质量的关键环节，因此，养鸭户应严格执行饲料原料的采购原则，确保饲料原料的质量。

二、饲料原料的掺假鉴别

1. 能量饲料原料掺假鉴别

（1）玉米

1）感官鉴别。①形状：玉米的品种不同，其籽粒大小、形状及软硬度也不同，但同一品种的玉米应籽粒整齐，均匀一致，无异物、无虫蛀及无鼠类污染等。②颜色：黄玉米颜色呈浅黄色至金黄色，其他玉米呈白色至浅黄色，通常凹玉米比硬玉米的色泽浅。③味道：具有玉米特有的甜味，粉碎时有生谷味道，但无发酵酸味、无霉味及无异臭。

2）品质判断。玉米品质判断方法见表5-1。

表5-1　玉米品质判断方法

水分含量（%）	判断指标
14~15	脐部收缩，明显凹下，有皱纹，经齿碎（用牙齿咬碎的鉴定方法）时震牙并有清脆声音；指甲掐较费劲，大把握玉米有刺手感
16~17	脐部明显凹下，经齿碎不震牙，但能听到齿碎时发出的响声；用指甲掐脐部时稍费劲

（续）

水分含量（%）	判断指标
18～20	脐部稍凹下，很易齿碎，稍有响声，外观有光泽；用指捏不费劲
21～22	脐部不凹下，基本与胚乳相平，牙咬极易碎，有较强的光泽；用指甲掐后能自动合拢
23～24	胚部稍凸起，光泽差
25～30	胚部凸出比较明显，光泽特强；用指甲掐脐部有水渗出
>30	玉米籽粒呈圆柱形；用手指压挤胚乳有水渗出

【提示】

水分含量的多少是玉米安全储藏的重要条件，由于玉米的胚乳部较大，水分含量高易发霉变质，影响玉米的饲用价值，因此，接收的玉米必须达到本地区的安全水分标准，以保证其安全储存。

3）掺假鉴别。市售玉米粉内有时掺入石灰石粉。检测方法：向试样中滴入少量稀盐酸（1∶3），若产生泡沫者则表示含有石灰石粉，这是由于盐酸与碳酸钙反应产生二氧化碳所致。

（2）小麦麸

1）感官鉴别（表 5-2）。

表 5-2　小麦麸的感官鉴别

指标	性状	备注
形状	大小不等的片状	无虫蛀、发热、结块现象
颜色	浅黄褐色至带红色的灰色	因小麦品种、等级、品质等不同有差异
味道	具有粉碎小麦特有的气味	不应有发酸、发霉或其他异味

2）品质判断。色泽必须一致，新鲜，无发酵、无霉变、无结块及异味、无异臭；小麦麸呈片状，通气性差，不易长期保管，水分超过 14%时在高温高湿下易变质。接收时，注意其气味是否酸败、发

酵或有其他异味；已结块的小麦麸，要看是否已变质；小麦麸易生虫，接收时也应特别注意。

3）掺假鉴别。

【提示】

小麦麸主要掺杂一些石粉、贝壳粉、砂土、花生皮及稻糠等。

① 手感法。将手插入一堆小麦麸中，然后抽出，若手指上粘有许多白色粉末且不易抖落则表明掺有滑石粉，如易抖落则是残余面粉。再用手抓起一把小麦麸使劲攥，若小麦麸很易成团，则为纯小麦麸，而攥时手有涨的感觉，则表明掺有稻糠。

② 水浸法。此法对掺有贝壳粉、砂土、花生皮者较易鉴别。方法：取5~10克小麦麸置于小烧杯中，加入10倍的水搅拌，静置10分钟，将烧杯倾斜，若掺假则看到烧杯底部有贝壳粉、砂土，上面浮有花生壳。

2. 蛋白质饲料原料掺假鉴别

（1）豆饼（粕）

1）感官鉴别（表5-3）。

表5-3 豆饼（粕）的感官鉴别

指标	性状	备注
颜色	浅黄色至浅褐色	颜色过深则为加热过度，太浅则表明加热不足
形状	碎片状	膨化豆粕为颗粒状，有团块
味道	有烤大豆的香味	不可有酸败味、霉变味、焦化味、豆腥味等异味
质地	均匀、流动性良好的粗粉状物	不可过粗或过细，不可含过量杂质

2）品质判断。①豆饼（粕）应色泽一致，新鲜，无发霉、无结

块、无异味、无异臭等，要控制好适合本地区安全储存的水分含量。②不应焦化或有生豆味，否则为加热过度或烘烤不足。加热过度会导致赖氨酸、胱氨酸、蛋氨酸及其他必需氨基酸因变性反应而失去利用价值。烘烤不足，不足以破坏生长抑制因子，蛋白质利用性差。③多数为碎片状，但粒度大小不一，豆饼（粕）皮大小不一，可依据豆饼（粕）皮所占比例，大致判断其品质好坏。

【提示】

黄豆在储存期间，若因保存不当而发热，甚至烧焦者，所制豆饼（粕）颜色较深，利用率也差，甚至生霉，产生毒素，接收时必须认真检查。

3）掺假鉴别。

① 掺入石粉、贝壳粉等无机物类物质的鉴别。

a. 容重测定法：一般纯豆饼（粕）的容重为594～610克/升，而各种石粉、贝壳粉及其他无机物的容重多在1000克/升以上，比豆饼（粕）大得多。测定被怀疑掺假豆饼（粕）的容重，然后与纯豆饼（粕）的容重（最好是同时测定）进行比较。若容重在800克/升以上，则可判定被测豆饼（粕）中掺有石粉等无机物类物质；若容重仅少量增加（容重低于800克/升）则要用粗灰分测定法进行确认。

b. 外包装比较法：由于石粉等无机物的容重比豆饼（粕）大得多，因此，掺入此类物质的豆饼（粕）容重会明显增加，与纯豆饼（粕）相比，相同重量包装的体积变小，而相同体积包装的重量明显增重。若发现豆饼（粕）包装体积比以往小，而重量不减甚至增加；或包装体积与以往相同，而重量明显增加或每吨豆饼（粕）的袋数减少，则此豆饼（粕）中可能掺有石粉等无机物类物质，然后再采用粗灰分测定法确认。

② 掺入玉米粉的鉴别。取碘0.3克、碘化钾1克溶于100毫升水中，然后用吸管吸1滴水在载玻片上，用玻璃棒头蘸取过20目筛（约0.83毫米筛孔）的豆饼（粕），放在载玻片上的水中展开，然后

滴入1滴碘-碘化钾溶液，在显微镜下观察。纯豆饼（粕）的标准样品可清楚地看到大小不同的棕色颗粒；含玉米粉的载玻片上，含有似棉花状的蓝色颗粒，随玉米粉含量增加，蓝色颗粒增加，棕色颗粒减少。

【小知识】

标准样品的制备：取通过20目筛的纯豆饼（粕）0.95克、0.96克、0.97克、0.98克、0.99克，依次通过20目筛的玉米面0.05克、0.04克、0.03克、0.02克、0.01克，各自混匀，制成5种标准样品分别含5%、4%、3%、2%、1%玉米的豆饼（粕），按照上述步骤制成5个标准样片，以便比较观察用。

③ 掺入棉籽饼（粕）的鉴别。取被检豆粕（饼）于30~50倍显微镜下观察。如掺有棉籽饼（粕）可见样品中散布有细短绒棉纤维，卷曲、半透明、有光泽、白色；混有少量深褐色或黑色的棉籽外壳碎片，壳厚且有韧性，在碎片断面有浅色和深褐色相交叠的色层。反之，没有掺入棉籽饼（粕）。

④ 掺入砂土的鉴别。取被检豆饼（粕）5~10克于烧杯中，加入100毫升四氯化碳，搅拌后放置20分钟，豆饼（粕）漂浮在四氯化碳表面，而砂土沉于底部，将沉淀部分灰化，以稀盐酸（浓盐酸和水的比例为1∶3）煮沸，若有不溶物即为砂土。

（2）菜籽饼（粕）

1）感官鉴别。菜籽饼（粕）的颜色因品种而异，有黑褐色、黑红色或黄褐色，呈小碎片状，质脆易碎；具有淡淡的菜籽压榨后特有的味道。不应有酸味及其他异味，无发霉、结块，外观要新鲜。

2）品质判断。①种皮的多少决定着其质量的好坏，根据皮的多少大致估测其结果。②在生产过程中温度不能过高，否则有焦煳味，影响蛋白质品质，使蛋白质溶解度降低。③菜籽饼（粕）中含有硫代葡萄糖苷，在芥子酶的作用下，产生异硫氰酸酯和噁唑烷硫酮等有毒物质，还会产生辣味而影响饲料的适口性，且对黏膜有强烈的刺激作用。

3）掺假鉴别。掺假物主要是砂土或价格低廉的石粉，掺入这些物质会明显降低菜籽饼（粕）的粗蛋白质含量。有的掺假菜籽饼（粕）中还同时掺入了尿素或其他氮肥以提高其中的粗蛋白质含量。检查方法如下：

① 感官检查。正常的菜籽饼（粕）为黄色或浅褐色，具有浓厚的油香味，此种油香味较特殊，其他原料不具备，同时菜籽饼（粕）有一定的油光性，用手抓时有疏松的感觉。而掺假菜籽饼（粕）油香味淡，颜色也暗淡，无油光性，用手抓时感觉较沉。

② 盐酸检查。正常的菜籽饼（粕）加入适量的10%盐酸，无气泡产生，而掺假的菜籽饼（粕）加入10%盐酸，则有大量气泡产生。

（3）鱼粉

1）感官鉴别（表5-4）。

表5-4 鱼粉的感官鉴别

指标	性状	备注
颜色	随原料鱼种不同而异，墨罕敦鱼粉呈浅黄或浅褐色，沙丁鱼粉呈红褐色，白鱼粉呈浅黄或灰白色	加热过度或含脂较高者，颜色较深；一般脱脂后人工烘干的鱼粉颜色较深，呈棕色；自然晾干的鱼粉颜色较浅，呈黄色或白色
形状	粉末状，含鳞片、鱼骨等	加工良好的鱼粉均可见肉丝，不应有过多颗粒、杂物及虫蛀、结块现象
味道	具有烤鱼香味，并稍带鱼油味	混入鱼溶浆者腥味较重，但不应有酸败、氨臭等腐败味及过热的焦味；若掺有肉骨粉等，会有混腥味

2）品质判断。

① 外观新鲜，不可有酸败、氨臭等腐败味。水分要达到本地区的安全水分含量，以保证其安全储存及使用。

② 进口鱼粉由于在船舱中长期运输，鱼粉的含磷量高，易引起自燃，而生成的烟或高温使鱼粉呈烧焦状态。此外，在加工过程中，

温度过高，也产生焦煳味。检验时要多加注意，如有此味，可拒收。

③ 正常的鱼粉不应有酸味、氨味等异味，颜色不应有陈旧感。鱼粉的黏性越佳越新鲜，因鱼肉的肌纤维富有黏着性。判断方法：以75%鱼粉加25%预糊化淀粉混合，加1.2~1.3倍水炼制，用手拉感受其黏弹性即可判断，也可进行鱼粉新鲜度的检查。

④ 褐化。鱼粉贮存不良时，表面会出现黄褐色的油脂，味变涩，无法消化。由于鱼油与空气中氧作用而氧化形成醛类物质，再与鱼粉变质所生的氨及三甲胺作用，产生有色物质。必须认真鉴别，对出现这种情况的鱼粉，必须拒收。

3）掺假鉴别。

【提示】

鱼粉常见的掺杂物有血粉、肉骨粉、羽毛粉、棉籽饼（粕）、菜籽饼（粕）、尿素、花生壳粉、酱醋渣、贝壳粉和砂粒等。

① 感官识别。掺杂酱油渣或咸杂鱼的鱼粉，有咸味；掺有肉骨粉和皮革粉的鱼粉，手捻松软，颗粒大小不匀；掺有棉籽壳、棉籽饼（粕）和菜籽饼（粕）的鱼粉，手捻有棉绒感，可捻成团。另外，可用一张光滑、深颜色的硬纸，把鱼粉样品均匀地铺一薄层，在明亮光线下观察颜色是否一致，如有白色结晶颗粒，说明掺有尿素或食盐等。

② 气味检测。取样品20克放入锥形瓶中，加入适量水，加塞后加热15~20分钟，开盖后如能闻到氨气味，说明掺有尿素。

③ 水浸。取少量样品放入试管或大玻璃杯中，加入适量水，充分振荡后静置，掺入的砂粒会沉入底部，而棉籽饼（粕）和羽毛粉则会浮在水面上。

④ 燃烧。取鱼粉样品少量放入铁勺等耐热容器上加热，若发出谷物干炒后的芳香味或焦煳味，说明掺有植物籽实等。如鱼粉中掺有皮革粉、羽毛粉，则可把鱼粉用铝箔纸包上，用火点燃，凭由此产生的气味来鉴别，也可镜检进行鉴别。

⑤ 磁棒搅拌。若怀疑鱼粉中掺有铁屑，可用磁棒搅拌，铁屑即吸附于磁棒表面。

3. 矿物质饲料原料掺假鉴别

（1）骨粉

1）感官鉴别。骨粉为粉状物或细小颗粒状物，一般为灰白色，有其固有的气味（肉骨蒸煮过的味道），具扬尘性。

2）品质判断。①质量好的骨粉为灰白色细粉，用手握不成团块，不光滑，放下即散。过 40 目（0.425 毫米筛孔）的筛子，其残留物不超过 3%。②不应具有臭味或异味，水分应达到安全水分；必须脱脂、脱胶，无霉变。

3）掺假检查。常见掺假冒充物为石粉、贝壳粉、细砂等。

① 掺石粉、贝壳粉的检查。肉眼观察骨粉的湿度、颜色、光泽、粒度等。质量好的骨粉为灰白色至黄褐色的粉状细末，用力握不成团块，不发滑，放下即散。若产品呈半透明的白色，表面光滑，搓之发滑，表明是滑石粉或掺有滑石粉、石粉等。若产品呈白色或灰色、粉红色，有暗淡、半透明的光泽，搓之颗粒质地坚硬，不黏结，表明是贝壳粉或掺有贝壳粉。

② 掺砂土的检查。取样品 1 克置于瓷坩埚中，在电炉上炭化至无烟，再继续灰化 1~2 小时，冷却后加 10 毫升 25%稀盐酸溶液溶解并煮沸。如有不溶物即为砂土，干燥后称重，可大致估算掺砂土的比例。

③ 掺谷物的检查。取样品少许置于培养皿中，下面垫一张滤纸，加入 1~3 滴碘-碘化钾溶液（取碘化钾 6 克溶于 100 毫升水中，再加碘 2 克）；如有谷物淀粉存在，可见蓝紫色的颗粒状物。

（2）磷酸氢钙

1）感官鉴别。磷酸氢钙为白色或灰白色粉末，无臭、无味，不吸水，不结块，在水中溶解度较小。

2）品质判断。

① 手摩擦法。用手拈着试样用力摩擦以感觉试样的粗细程度。正常的磷酸氢钙试样手感柔软，粉粒均匀，呈白色或灰白色；异常试

样手感粗糙，有颗粒，粗细不均匀，呈灰黄色或灰黑色。

② 硝酸银法。在玻璃表面皿上放少许试样，加入数滴5%硝酸银溶液，如全部变成鲜黄色沉淀，则为磷酸氢钙。

③ 盐酸法。在玻璃表面皿上放少许试样，加数滴盐酸并浸没，如无气泡产生，证明没有掺杂细石粉、贝壳粉等。

④ 容重法。将样品放入1000毫升量筒内，直到正好达到1000毫升为止；用药勺调整容积，不可用药勺向下压样品。随后将样品从量筒中倒出称重，每份样品反复测量3次，将其平均值作为容重。一般磷酸氢钙容重为905~930克/升，如超过此范围，可判定其有问题。

3）掺假鉴别。

① 石粉或轻质碳酸钙充当磷酸氢钙的鉴别。石粉粉碎至80目（约0.18毫米筛孔）以上，外观和形态与磷酸氢钙相似，但相对密度大于磷酸氢钙。而轻质碳酸钙无论感官还是相对密度均与磷酸氢钙相似，使其成为一种主要掺杂物。可加入稀盐酸来鉴别。石粉和轻质碳酸钙能与稀盐酸发生剧烈反应并产生大量气泡，反应结束后，溶液较澄清。

② 磷酸氢钙中掺入磷酸三钙的鉴别。取少量试样放入小烧杯中，加少量醋酸使其溶解，再加酒石酸溶液和钼酸铵溶液，浸没试样；将烧杯放入60~70℃恒温箱中，数分钟后，如有黄色沉淀，说明样品中有磷酸三钙存在。

4. 氨基酸添加剂掺假鉴别

（1）DL-蛋氨酸

1）感官鉴别。DL-蛋氨酸为白色、浅黄色结晶性粉末，呈半透明细颗粒状，有的呈长棱状，具有反光性，手感滑腻，无粗糙感觉。而掺假DL-蛋氨酸一般手感粗糙，不滑腻。DL-蛋氨酸具有较浓的腥臭味，近闻刺鼻，用口尝试，带有少许甜味；而掺假DL-蛋氨酸味较淡或有其他气味。

2）品质判断。色泽、气味等均应正常一致。

3）掺假鉴别。

【提示】

DL-蛋氨酸属高价饲料原料，掺假情况较严重，掺假的原料主要有植物原料、碳酸盐类等。

① pH 试纸法。DL-蛋氨酸灼烧产生的烟为碱性气体，有特殊臭味，可使湿的广泛试纸变蓝；假 DL-蛋氨酸灼烧往往无烟（如用石粉、石膏粉冒充时），或者产生的烟使湿的广泛试纸变红（如用淀粉冒充时）。

② 溶解法。DL-蛋氨酸易溶于稀盐酸和氢氧化钠，略难溶于水，难溶于乙醇，不溶于乙醚。取 1 克样品，加入 50 毫升蒸馏水溶解，摇动数次，2~3 分钟后，溶液清亮无沉淀，几乎全溶于水，即是真 DL-蛋氨酸，假 DL-蛋氨酸则不溶于水。

③ 颜色反应鉴别。取约 0.5 克样品，加入 20 毫升硫酸铜饱和溶液，如果溶液呈黄色，则样品为真 DL-蛋氨酸。

④ 掺入碳酸盐的检查。有些假 DL-蛋氨酸中掺有大量的碳酸盐，如轻质碳酸钙等。称取约 1 克样品置于 100 毫升烧杯中，加入 6 摩尔/升盐酸 20 毫升，如样品中有大量气泡冒出，表明其中掺有大量碳酸盐，是假 DL-蛋氨酸；若没有气泡冒出，表明样品是真 DL-蛋氨酸。

（2）L-赖氨酸盐酸盐

1）感官鉴别。L-赖氨酸盐酸盐为灰白色或浅褐色，呈颗粒状或粉末状，较均匀，无味或稍有特殊气味，口感甜，溶于水，难溶于乙醇或乙醚，有旋光性。比较稳定，温度高时易结块、吸湿性强。

2）品质判断。无刺激气味或氨味，口感无苦涩味，应有甜味。

3）掺假检查。

【提示】

L-赖氨酸盐酸盐属高价饲料原料，掺假情况较为严重，掺假的原料基本同蛋氨酸。

① 外观鉴别。L-赖氨酸盐酸盐为灰白色或浅褐色的小颗粒或粉

末，较均匀。无味或稍有特异性酸味。假冒L-赖氨酸盐酸盐色泽异常，气味不正，个别有氨水刺激或芳香气味，手感较粗糙，口味不正，具有异样口感。

② 溶解度检验。取少量样品加入100毫升水中，搅拌5分钟后静置，能完全溶解无沉淀物为真品，若有沉淀或漂浮物为掺假和假冒产品。

③ pH试纸法。L-赖氨酸盐酸盐燃烧产生的烟为碱性气体，并散发出一种难闻的气味，可使湿的广泛试纸变蓝色；假L-赖氨酸盐酸盐燃烧往往无烟（如用石粉、石膏粉冒充时），或者产生的烟使湿的广泛试纸变红（如用淀粉冒充时）。

④ 掺入植物成分的检验。取样品约5克，加100毫升蒸馏水溶解，然后滴加1%碘-碘化钾溶液1毫升，边滴边摇动。此时溶液仍为无色，则该样品中无植物性淀粉存在，即为真L-赖氨酸盐酸盐；若溶液变蓝色，则说明该样品中含有淀粉，则为假L-赖氨酸盐酸盐。

⑤ 掺入碳酸盐的检验。取约1克样品置于100毫升烧杯中，加入浓盐酸和水的体积比为1∶1的盐酸溶液20毫升，若样品有大量气泡冒出，说明其中掺有大量碳酸盐，如无则为真L-赖氨酸盐酸盐。

三、饲料原料质量标准

【提示】

养殖户采购饲料原料首先要有饲料原料质量标准，目前一般参照饲料工业国家标准、行业标准或企业自己制定的饲料原料质量标准，这是饲料原料采购是否合格的依据。

1. 能量原料质量标准

能量原料常用的有玉米、高粱、大麦、小麦麸、次粉、米糠等。

（1）玉米　参照GB/T 17890—2008《饲料用玉米》。质量要求：籽粒饱满、均匀，色泽、气味正常，无发酵、无变质、无霉变、无结块、无异味、无异臭等；水分含量小于或等于14.0%；杂质含量小于或等于1.0%；生霉粒含量小于或等于2.0%；粗蛋白质（干基）含量大于或等于8.0%。一级饲料用玉米的脂肪酸值（KOH含量小于或等于60毫克/100克），以容重、不完善粒为定等级指标，见表5-5。

表5-5 饲料用玉米质量标准（GB/T 17890—2008）

等级	容重/(克/升)	不完善粒（%）
一级	≥710	≤5.0
二级	≥685	≤6.5
三级	≥660	≤8.0

【小知识】

容重指玉米籽粒在单位容积内的质量，作为玉米商品品质的重要指标，能够真实反映玉米的成熟度、完整度、均匀度和使用价值，是玉米定等级的依据，容重小于590克/升为等外玉米。不完善粒是指受到损伤但尚有饲用价值的玉米粒，包括虫蚀粒、病斑粒、破损粒、生芽粒、生霉粒、热损伤粒等。

（2）高粱　参照NY/T 115—2021《饲料原料　高粱》。质量要求：籽粒饱满、均匀，色泽、气味正常，无发酵、无变质、无霉变、无结块、无异味、无异臭等；水分含量小于或等于14%；以容重、粗蛋白质、粗纤维与粗灰分为定等级指标，见表5-6。

表5-6 饲料用高粱质量标准（NY/T 115—2021）

等级	容重/(克/升)	粗蛋白质（%）	粗纤维（%）	粗灰分（%）
一级	≥740	≥8.0	≤3.0	≤3.0
二级	≥700			

（3）大麦　根据品种分为皮大麦和裸大麦两大类。皮大麦可参照饲料用皮大麦的质量标准NY/T 118—2021《饲料原料　皮大麦》，裸大麦可参照NY/T 210—1992《饲料用裸大麦》。质量要求：籽粒饱满、均匀，色泽、气味正常，无发酵、无变质、无霉变、无结块、无异味、无异臭等；以千粒重、粗蛋白质、粗纤维与粗灰分为定等级指标，我国饲料用皮大麦和裸大麦的质量标准分别见表5-7和表5-8。

表 5-7　饲料用皮大麦质量标准（NY/T 118—2021）

等级	千粒重/克	粗蛋白质（%）	粗纤维（%）	粗灰分（%）
一级	≥40.0	≥8.0	≤6.0	≤2.5
二级	≥30.0			≤3.0

表 5-8　饲料用裸大麦质量标准（NY/T 210—1992）

等级	粗蛋白质（%）	粗纤维（%）	粗灰分（%）
一级	≥13.0	<2.0	<2.0
二级	≥11.0	<2.5	<2.5
三级	≥9.0	<3.0	<3.5

（4）小麦　参照 NY/T 117—2021《饲料原料　小麦》。质量要求：籽粒饱满、均匀，色泽、气味正常，无发酵、无变质、无霉变、无结块、无异味、无异臭等；水分含量小于或等于 13.0%；杂质含量小于或等于 2.0%，其中无机杂质含量小于或等于 0.5%。以容重、粗蛋白质、杂质为定等级指标，我国饲料用小麦质量标准见表 5-9。

表 5-9　饲料用小麦质量标准（NY/T 117—2021）

等级	容重（克/升）	粗蛋白质（%）	杂质（%）
一级	≥770	≥11.0	≤1.0
二级	≥730		≤2.0
三级	≥710		

（5）稻谷　参照 NY/T 116—1989《饲料用稻谷》。质量要求：籽粒饱满、均匀，色泽、气味正常，无发酵、无变质、无霉变、无结块、无异味、无异臭等；水分含量不超过 14.0%。以粗蛋白质、粗纤维与粗灰分为定等级指标，我国饲料用稻谷质量标准见表 5-10。

（6）小麦麸　参照 NY/T 119—2021《饲料原料　小麦麸》。质量要求：色泽新鲜一致，无发酵、无霉变、无结块、无异味、无异臭等；水分含量不超过 13.0%；不得掺入小麦麸以外的物质。若加入抗氧化剂、防霉剂等添加剂，应做相应的说明。以粗蛋白质、粗纤维与粗灰分为定等级指标，我国饲料用小麦麸质量标准见表 5-11。

表 5-10 饲料用稻谷质量标准（NY/T 116—1989）

等级	粗蛋白质（%）	粗纤维（%）	粗灰分（%）
一级	≥8.0	<9.0	<5.0
二级	≥6.0	<10.0	<6.0
三级	≥5.0	<12.0	<8.0

表 5-11 饲料用小麦麸质量标准（NT/T 119—2021）

等级	粗蛋白质（%）	粗纤维（%）	粗灰分（%）
一级	≥17.0	≤12.0	≤6.0
二级	≥15.0		

（7）次粉　参照 NY/T 211—1992《饲料用次粉》。质量要求：水分含量不超过 13.0%，色泽新鲜一致，无发酵、无发酸、无发霉、无异味、无结块、无发热现象，无生虫等；不得掺入次粉以外的物质。若加入抗氧化剂、防霉剂等添加剂，应做相应的说明。以粗蛋白质、粗纤维与粗灰分为等级指标，我国饲料用次粉质量标准见表 5-12。

表 5-12 饲料用次粉质量标准（NY/T 211—1992）

等级	粗蛋白质（%）	粗纤维（%）	粗灰分（%）
一级	≥14.0	<3.5	<2.0
二级	≥12.0	<5.5	<3.0
三级	≥10.0	<7.5	<4.0

（8）米糠　参照 NY/T 122—1989《饲料用米糠》。质量要求：水分含量不超过 13%，色泽新鲜一致，无发酵、无霉变、无结块、无异味、无异臭、无发酸、无发热现象，无生虫等；不得掺入米糠以外的物质。若加入抗氧化剂、防霉剂等添加剂，应做相应的说明。以粗蛋白质、粗纤维与粗灰分为定等级指标，我国饲料用米糠质量标准

见表 5-13。

表 5-13 饲料用米糠质量标准（NY/T 122—1989）

等级	粗蛋白质（%）	粗纤维（%）	粗灰分（%）
一级	≥13.0	<6.0	<8.0
二级	≥12.0	<7.0	<9.0
三级	≥11.0	<8.0	<10.0

2. 蛋白质原料质量标准

常用的蛋白质原料有大豆、豆饼（粕）、棉籽饼（粕）、菜籽饼（粕）、花生饼（粕）等。

（1）大豆 参照 GB/T 20411—2006《饲料用大豆》。质量要求：色泽、气味正常，无发酵、无变质、无霉变、无结块、无异味、无异臭等；水分含量不超过 13.0%；杂质含量不超过 1.0%；生霉粒含量不超过 2.0%。以不完善粒和粗蛋白质为定等级指标，饲料用大豆质量标准见表 5-14。

表 5-14 饲料用大豆质量标准（GB/T 20411—2006）

等级	不完善粒（%）		粗蛋白质（%）
	合计	其中：热损伤粒	
一级	≤5	≤0.5	≥36
二级	≤15	≤1.0	≥35
三级	≤30	≤3.0	≥34

（2）豆饼（粕） 以全脂大豆为原料，经压榨法所得饲料用产品为豆饼，经有机溶剂提油或预压—浸提取油后所得饲料用产品为大豆粕。质量要求：豆饼呈黄褐色饼状或小片状，色泽一致，无发酵、无霉变、无结块、无虫蛀及无异味异臭等；水分含量不超过 13%，不得掺入饲料用大豆以外的物质，如加入抗氧化剂、防腐剂、抗结块剂等添加剂，要具体说明加入的品种与数量。饲料用豆饼质量标准参照 NY/T 130—1989《饲料用大豆饼》，见表 5-15。

表 5-15　饲料用豆饼质量标准（NY/T 130—1989）

<table>
<tr><th>等级</th><th>粗蛋白质（%）</th><th>粗脂肪（%）</th><th>粗纤维（%）</th><th>粗灰分（%）</th></tr>
<tr><td>一级</td><td>≥41.0</td><td rowspan="3"><8.0</td><td><5.0</td><td><6.0</td></tr>
<tr><td>二级</td><td>≥39.0</td><td><6.0</td><td><7.0</td></tr>
<tr><td>三级</td><td>≥37.0</td><td><7.0</td><td><8.0</td></tr>
</table>

饲料用豆粕分为带皮豆粕与去皮豆粕。质量要求：豆粕呈浅黄色或浅棕色或红褐色，呈不规则的碎片状、粗颗粒状或粗粉状，色泽一致，无发酵、无霉变、无结块、无虫蛀及无异味异臭等。饲料用豆粕质量标准可以参考 GB/T 19541—2017《饲料原料　豆粕》，见表 5-16。

表 5-16　饲料用豆粕质量标准（GB/T 19541—2017）

<table>
<tr><th>等级</th><th>粗蛋白质（%）</th><th>赖氨酸（%）</th><th>粗纤维（%）</th><th>粗灰分（%）</th><th>水分（%）</th></tr>
<tr><td>特级</td><td>≥48.0</td><td rowspan="2">≥2.50</td><td>≤5.0</td><td rowspan="4">≤7.0</td><td rowspan="4">≤12.5</td></tr>
<tr><td>一级</td><td>≥46.0</td><td rowspan="3">≤7.0</td></tr>
<tr><td>二级</td><td>≥43.0</td><td rowspan="2">≥2.30</td></tr>
<tr><td>三级</td><td>≥41.0</td></tr>
</table>

（3）棉籽饼（粕）　质量要求：棉籽饼应呈黄褐色饼状或小片状，棉籽粕应呈金黄色小碎片或粗粉状，有时夹杂小颗粒，色泽均匀一致，无发酵、无霉变、无结块及无异味；不得掺有饲料用棉籽饼（粕）以外的物质（非蛋白氮等），若加入抗氧化剂、防霉剂、抗结块剂等添加剂，要具体说明加入的品种和数量；其水分含量不超过 12.0%，饲料用棉籽饼质量标准参照 NY/T 129—1989《饲料用棉籽饼》，见表 5-17。

表 5-17　饲料用棉籽饼质量标准（NY/T 129—1989）

等级	粗蛋白质（%）	粗纤维（%）	粗灰分（%）
一级	≥40.0	<10.0	<6.0
二级	≥36.0	<12.0	<7.0
三级	≥32.0	<14.0	<8.0

饲料用棉籽粕质量标准参照 GB/T 21264—2007《饲料用棉籽粕》，见表 5-18。

表 5-18　饲料用棉籽粕质量标准（GB/T 21264—2007）

<table>
<tr><th>等级</th><th>粗蛋白质（%）</th><th>粗纤维（%）</th><th>粗灰分（%）</th><th>粗脂肪（%）</th><th>水分（%）</th></tr>
<tr><td>一级</td><td>≥50.0</td><td>≤9.0</td><td rowspan="2">≤8.0</td><td rowspan="5">≤2.0</td><td rowspan="5">≤12.0</td></tr>
<tr><td>二级</td><td>≥47.0</td><td>≤12.0</td></tr>
<tr><td>三级</td><td>≥44.0</td><td rowspan="2">≤14.0</td><td rowspan="3">≤9.0</td></tr>
<tr><td>四级</td><td>≥41.0</td></tr>
<tr><td>五级</td><td>≥38.0</td><td>≤16.0</td></tr>
</table>

（4）菜籽饼（粕）　质量要求：菜籽饼应为褐色、黄褐色小瓦片装、片状或饼状，菜籽粕应呈褐色、黄褐色或金黄色小碎片或粗粉状，有时夹杂小颗粒。色泽均匀一致，无发酵、无霉变、无结块及无异味、无异臭；不得掺有饲料用菜籽饼（粕）以外的物质（非蛋白氮等），若加入抗氧化剂、防霉剂、抗结块剂等添加剂，要具体说明加入的品种和数量；水分含量不超过 12%，以粗蛋白质、粗脂肪、粗纤维、粗灰分为定等级指标，饲料用菜籽饼质量标准参照 NY/T 125—1989《饲料用菜籽饼》，见表 5-19。

表 5-19　饲料用菜籽饼质量标准（NY/T 125—1989）

<table>
<tr><th>等级</th><th>粗蛋白质（%）</th><th>粗脂肪（%）</th><th>粗纤维（%）</th><th>粗灰分（%）</th></tr>
<tr><td>一级</td><td>≥37.0</td><td rowspan="3"><10.0</td><td rowspan="3"><14.0</td><td rowspan="3"><12.0</td></tr>
<tr><td>二级</td><td>≥34.0</td></tr>
<tr><td>三级</td><td>≥30.0</td></tr>
</table>

饲料用菜籽粕质量标准可参考 GB/T 23736—2009《饲料用菜籽粕》，见表 5-20。

饲料用菜籽粕根据异硫氰酸酯（ITC）含量不同，可分为低含量异硫氰酸酯、中含量异硫氰酸酯、高含量异硫氰酸酯菜籽粕，见表 5-21。

表 5-20　饲料用菜籽粕质量标准（GB/T 23736—2009）

<table>
<tr><th>等级</th><th>粗蛋白质（%）</th><th>粗纤维（%）</th><th>赖氨酸（%）</th><th>粗灰分（%）</th><th>粗脂肪（%）</th><th>水分（%）</th></tr>
<tr><td>一级</td><td>≥41.0</td><td>≤10.0</td><td rowspan="2">≥1.7</td><td rowspan="2">≤8.0</td><td rowspan="4">≤3.0</td><td rowspan="4">≤12.0</td></tr>
<tr><td>二级</td><td>≥39.0</td><td rowspan="2">≤12.0</td></tr>
<tr><td>三级</td><td>≥37.0</td><td rowspan="2">≥1.3</td><td rowspan="2">≤9.0</td></tr>
<tr><td>四级</td><td>≥35.0</td><td>≤14.0</td></tr>
</table>

表 5-21　饲料用菜籽粕产品中异硫氰酸酯的含量及分级

项目	分级		
	低异硫氰酸酯菜籽粕	中异硫氰酸酯菜籽粕	高异硫氰酸酯菜籽粕
异硫氰酸酯/（毫克/千克）	≤750	750<ITC≤2000	2000<ITC≤4000

注：质量指标以 88%干物质为基础计算。

（5）花生饼（粕）　质量要求：花生饼应呈小瓦片或圆扁块状，黄褐色，无发霉、无霉变、无虫蛀、无结块及无异味、无异臭等；水分含量小于或等于 11.0%，粗脂肪含量大于或等于 3.0%，赖氨酸含量大于或等于 1.2%。饲料用花生饼质量标准可以参考 NY/T 132—2019《饲料原料　花生饼》，见表 5-22。

表 5-22　饲料用花生饼质量标准（NY/T 132—2019）

等级	粗蛋白质（%）	粗纤维（%）	粗灰分（%）
一级	≥48.0	≤7.0	≤6.0
二级	≥40.0	≤9.0	≤7.0
三级	≥36.0	≤11.0	≤8.0

花生粕应呈碎屑状，色泽呈新鲜一致的黄褐色或浅褐色，无发酵、无霉变、无虫蛀、无结块及无异味、无异臭；不得掺入花生粕以外的物质（非蛋白氮等），如加入抗氧化剂、防霉剂等添加剂，应做相应说明；水分含量不超过 12.0%；以粗蛋白质、粗纤维、粗灰分

为定等级指标，饲料用花生粕质量标准可参考 NY/T 133—1989《饲料用花生粕》，见表 5-23。

表 5-23　饲料用花生粕质量标准（NY/T 133—1989）

等级	粗蛋白质（%）	粗纤维（%）	粗灰分（%）
一级	≥51.0	<7.0	<6.0
二级	≥42.0	<9.0	<7.0
三级	≥37.0	<11.0	<8.0

（6）鱼粉　饲料用鱼粉指以鱼、虾、蟹类等水产动物及其加工的废弃物为原料，经蒸煮、压榨、烘干、粉碎等工序制成的饲料用产品。原料应保持新鲜，不得使用已腐败变质的原料，依据加工方法，鱼粉可分为蒸干鱼粉和脱脂鱼粉。原料通过转筒干燥得到蒸干鱼粉；原料通过蒸煮、压榨、干燥得到脱脂鱼粉；脱脂鱼粉压榨得到的液体成分经过浓缩得到鱼膏，压榨得到的液体浓缩后通过吸附剂吸附、干燥得到鱼精粉。鱼粉要求水分含量不超过 10%；砷、铅、汞、亚硝酸盐、六六六、滴滴涕指标应符合 GB 13078—2017《饲料卫生标准》的规定；霉菌含量不超过 3×10^3（个菌落形成单位/克），沙门氏菌与寄生虫不得检出。鱼粉质量标准可参考 GB/T 19164—2021《饲料原料　鱼粉》，见表 5-24。

表 5-24　鱼粉质量标准（GB/T 19164—2021）

项目	红鱼粉				白鱼粉	
	特级	一级	二级	三级	一级	二级
粗蛋白质（%）	≥66.0	≥62.0	≥58.0	≥50.0	≥64.0	≥58.0
赖氨酸（%）	≥5.0	≥4.5	≥4.0	≥3.0	≥5.0	≥4.2
水分（%）	≤10.0					
粗灰分（%）	≤18.0	≤20.0	≤24.0	≤30.0	≤22.0	≤28.0
盐分（以氯化钠计，%）	≤5.0				≤2.5	

（7）肉骨粉　肉骨粉是以新鲜无变质的动物废弃组织及骨经高

温高压、蒸煮、灭菌、脱脂、干燥、粉碎后的产品。为黄色至黄褐色的油性粉状物，具有肉骨粉固有气味，无腐败气味。除不可避免的少量混杂外，不应添加毛发、蹄、羽毛、血、皮革、胃肠内容物及非蛋白氮等物质。不得使用发生疫病的动物废弃组织及骨加工饲料用肉骨粉。加入抗氧化剂时应标明其名称。沙门氏菌不得检出。铬含量不超过5毫克/千克；水分含量不超过10.0%；总磷含量不小于3.5%；钙含量为总磷量的180%~220%；粗脂肪含量不超过12.0%；粗纤维含量不超过3.0%。以粗蛋白质、赖氨酸、胃蛋白酶消化率、挥发性盐基氮、粗灰分为定等级指标，质量标准可参考GB/T 20193—2006《饲料用骨粉和肉骨粉》，见表5-25。

表5-25 饲料用肉骨粉质量标准（GB/T 20193—2006）

等级	粗蛋白质（%）	赖氨酸（%）	胃蛋白酶消化率（%）	挥发性盐基氮/（毫克/100克）	粗灰分（%）
一级	≥50.0	≥2.4	≥88	≤130	≤33.0
二级	≥45.0	≥2.0	≥86	≤150	≤38.0
三级	≥40.0	≥1.6	≥84	≤170	≤43.0

3. 矿物质原料质量标准

（1）磷酸氢钙　饲料级磷酸氢钙由工业磷酸与石灰乳或碳酸钙中和生产的饲料级产品。该产品是作为饲料工业中钙和磷的补充剂。为白色、微黄色、微灰色粉末或颗粒状。按生产工艺不同分成Ⅰ型、Ⅱ型、Ⅲ型3种型号。饲料级磷酸氢钙质量标准可参照GB/T 22549—2017《饲料添加剂　磷酸氢钙》，见表5-26。

表5-26 饲料级磷酸氢钙质量标准（GB/T 22549—2017）

项目	指标		
	Ⅰ型	Ⅱ型	Ⅲ型
总磷（P）含量（%）	≥16.5	≥19.0	≥21.0
枸溶性磷（P）含量（%）	≥14.0	≥16.0	≥18.0
水溶性磷（P）含量（%）		≥8.0	≥10.0

（续）

项目	指标		
	Ⅰ型	Ⅱ型	Ⅲ型
钙（Ca）含量（%）	≥20.0	≥15.0	≥14.0
氟（F）含量/(毫克/千克)	≤1800		
砷（As）含量/(毫克/千克)	≤20		
铅（Pb）含量/(毫克/千克)	≤30		
镉（Cd）含量/(毫克/千克)	≤10		
铬（Cr）含量/(毫克/千克)	≤30		

（2）石粉　石粉一般含钙35%以上，是补充钙最廉价、最方便的矿物质原料。石粉的粒度以中等为好，鸭为28目至26目（0.6~0.65毫米筛孔）。碳酸钙含量（以干物质计）大于或等于98.0%，钡盐含量（以Ba计）小于或等于0.03%，碳酸钙含量（以Ca计）大于或等于39.2%，盐酸不溶物含量小于或等于0.2%。

4. 饲料添加剂质量标准

（1）氨基酸添加剂　常用的氨基酸添加剂主要有L-赖氨酸盐酸盐、DL-蛋氨酸等，它们的质量标准见表5-27和表5-28。

表5-27　L-赖氨酸盐酸盐质量标准（GB/T 34466—2017）

项目	指标
外观	白色或浅褐色粉末及颗粒
L-赖氨酸盐酸盐含量（以干基计,%）	≥98.5
L-赖氨酸含量（以干基计,%）	≥78.8
比旋光度 $[\alpha]_D^{20}$	+18.0°~+21.5°
干燥失重（%）	≤1.0
粗灰分（%）	≤0.3
铵盐（NH_4^+,%）	≤0.04
重金属（以Pb计）/(毫克/千克)	≤10
总砷（As）/(毫克/千克)	≤1.0

表 5-28 DL-蛋氨酸质量标准（GB/T 17810—2009）

项目	指标
外观	白色、浅灰色粉末或片状结晶
DL-蛋氨酸（%）	≥98.5
干燥失重（%）	≤0.5
氯化物（以 NaCl 计,%）	≤0.2
重金属（以 Pb 计）/(毫克/千克)	≤20
砷（以 As 计）/(毫克/千克)	≤2.0

（2）微量元素添加剂与维生素添加剂　微量元素添加剂和维生素添加剂的质量和使用参考《饲料添加剂安全使用规范》。

第二节　生产加工质量控制

一、原料投放质量控制

饲料原料中混入的杂质，若不事先清理，则会影响产品质量，甚至影响动物生长；还会在加工过程中损坏设备，影响生产。一般动物源性饲料、矿物质、微量元素等饲料原料的清理多在原料加工厂完成。谷物类饲料原料及其加工副产品，要清理绳索、布片、塑料薄膜、砂石、金属等杂物。通常原料清理的方法是先筛选后磁选，同时辅以吸风除尘设施。

【提示】

原料清理不仅是为了保证成品的含杂不要过量，更是为了保证人员和加工设备的安全，减少设备损耗及改善加工时的环境卫生。饲料加工厂常用的清理方法有筛选和磁选 2 种。

二、粉碎过程质量控制

粉碎机是饲料加工过程中减小原料粒度的加工设备。粉碎机对产品质量的影响非常明显，因此，应定期检查粉碎机锤片是否磨损，筛网有无漏洞、漏缝、错位等。操作人员应经常注意观察粉碎机的粉碎能力和粉碎机排出的饲料粒度。若一般粉碎机超出常规的粉碎能力，可能是因为粉碎机筛网被打漏而形成无过筛下料，饲料粒度将会过大。

检查粉碎机排出物料，若发现有整粒谷物（玉米等）或粒度过粗的情况，应及时停机检查粉碎机筛网有无漏洞或因筛网错位与其侧挡板间形成漏缝，发现问题及时进行修理。整粒谷物或粒度过粗不仅会造成产品质量问题，还会降低制粒机的制粒性能和颗粒饲料的质量。

检查粉碎机有无积热现象，如粉碎机堵料、粉碎机下口输送设备故障或锤片磨损粉碎能力降低时，均会使被粉碎的物料发热。

【注意】

无论是什么原因，粉碎物料积热应及时解决，否则会毁坏粉碎机或对饲料造成不良影响，从而影响饲料质量，甚至引发火灾。

三、配料过程质量控制

称量是配料的关键，是执行配方的首要环节。称量的准确与否，对饲料产品的质量起至关重要的作用。一般配方设计比较精确，保险系数在一定范围内，出于对配方成本的考虑不可能有太大的允许误差，因此，操作人员必须有很强的责任心，严格按配方执行。在原料变化或因其他情况需要对配方进行变动时，要请技术人员来进行调整，不得任意变动，从而保证配方的科学性与严谨性。

【提示】

人工称量配料时，尤其是预混料的配料，要有正确的称量顺序，并进行必要的投料前复核称量。对称量工具必须打扫干净，要求每周由技术人员进行1次校准和保养。在配料过程中，饲料原料的使用和库存要每批每日有记录，由专人负责定期对生产和库存情况进行核查。

为了保证各种微量成分，特别是药物性添加剂，准确均匀地添加到配合饲料中，保证其安全有效地使用，称量时要求使用灵敏度高的秤或天平，所用秤的灵敏度至少应达到0.1%。要在接近秤的最大称量的情况下称量微量成分，可根据需称量的不同品种饲料原料的实际用量来配备不同的秤。秤的灵敏度和准确度至少每月进行1次校正。在配料过程中，饲料原料的使用和库存要每批每天有记录，有专人负责管理并定期对生产和库存情况进行核查。

【提示】

手工配料时，应使用不锈钢料铲，并做到专料专用，以免发生混料造成相互污染。

四、混合过程质量控制

饲料原料只有在搅拌机中均匀混合，饲料中的营养成分才能均匀分布。如果不能将饲料原料混合均匀，如微量成分（如维生素等）混合不均匀，将直接影响饲料的质量，影响鸭的生长速度，不能充分发挥其作用，造成很大的浪费，甚至引起中毒。

（1）原料添加顺序 为保证饲料搅拌均匀，加入各种饲料原料的顺序十分关键，正确顺序为：先加入量大的饲料原料，再加入微量成分如添加剂、氨基酸、药物等，后用喷雾嘴喷入液体饲料原料如油、水、液体氨基酸等，最后加入潮湿饲料原料。

（2）混合均匀度 混合均匀度指搅拌机搅拌饲料能达到的均匀程度，一般用变异系数来表示。饲料的变异系数越小，表明饲料搅拌越均匀；反之，则不均匀。一般生产成品饲料时，要求变异系数不大于10%；生产预混料添加剂时，要求变异系数不大于5%。

（3）搅拌时间 搅拌时间应以搅拌均匀为限。最佳搅拌时间取决于搅拌机类型（卧式或立式）和饲料原料性质（粒度、形状及容重等）。确定最佳搅拌时间非常重要，搅拌时间不够，饲料搅拌不均匀，影响饲料质量；搅拌时间过长，不仅浪费时间和能源，对搅拌均匀度也无益处。

【提示】

一般搅拌机的搅拌时间：卧式搅拌机为3~7分钟，立式搅拌机为8~15分钟。最佳搅拌时间指达到混合均匀度最高（变异系数最小）时，所需要的最短搅拌时间，其与搅拌机类型、饲料原料的物理性质如粒度、流散性等有关。

（4）保证搅拌机正常工作 对搅拌机进行维护和检查，是保障饲料搅拌均匀合格的工作基础。检查搅拌机螺旋或桨叶是否开焊、磨损，卧式搅拌机的工作料面是否平整，料面差距大时说明桨叶已磨损；卧式搅拌机在打开下口排料时，是否能完全将料排入缓冲仓；在搅拌机工作时检查搅拌机下口是否漏料进缓冲仓；定期清除搅拌机轴和桨叶上的绳头等杂物；检查油或其他液体添加系统是否打开，流量是否正常。

【注意】

加药饲料的生产应根据药物类型，先生产药物含量高的饲料，再依次生产药物含量低的饲料；立式搅拌机残留料较多，但容易混料。更换配方时，应将搅拌机中残留的饲料清理干净。

五、制粒过程质量控制

（1）对设备的要求 生产前要对设备进行检查和维护，以确保产品的质量。检查内容：

① 检查制粒机上口的磁铁。每次操作前要清理1次，若不能及时清理，饲料原料中的铁质可能进入制粒机环模，影响制粒机的正常工作。

② 检查环模和压辊的磨损情况。定期给压辊涂抹润滑脂，保证压辊的正常工作。

③ 检查冷却器是否有饲料积压，冷却器内的冷却盘或筛面是否损坏。破碎机辊筒要定期检查，如辊筒波纹齿磨损变钝，会降低破碎能力，降低产品质量。

④ 检查分级筛筛面是否有破洞、堵塞和黏结现象。筛面必须完

整无破损，以达到正确的颗粒分级效果。

⑤ 检查制粒机切刀。切刀磨损过钝，会使饲料粉末增加。

⑥ 检查蒸汽的汽水分离器，以保证进入调质器的蒸汽质量，否则会影响生产能力和饲料颗粒质量。

【注意】

换料时，检查制粒机上方的缓冲仓和成品仓是否完全排空，以防止发生混料。

（2）调质技术　鸭饲料一般含有较多的玉米，淀粉含量高，而粗纤维含量较低。因此，颗粒饲料的结构和强度全靠调质技术，用热蒸汽来软化原料，以提高饲料的制粒性能。在调质过程中，饲料中的淀粉会发生部分糊化，糊化的淀粉起黏合作用，能提高饲料的颗粒成型率。一般调质器的调质时间为 10~20 秒，延长调质时间具有如下作用：增加淀粉糊化；提高饲料温度，减少有害微生物；改进生产效率，提高颗粒质量。蒸汽压力较低时，能更快地将热和水散发出去，为了提高调质效果，必须控制蒸汽压力。

【提示】

一般生产颗粒饲料可根据实际操作的需要，调整饲料的水分在 16%~18%，温度在 75~85℃。

（3）压辊间隙　正确调整压辊间隙可以延长环模和压辊的使用寿命，提高生产效率和颗粒质量。调整要求如下：将压辊调到当环模低速旋转时，压辊只碰到环模的高点。这个间隙使环模和压辊间的金属接触减到最小，减少磨损，又存在足够的压力使压辊转动。

（4）粉碎粒度　粉碎饲料原料既要求达到能最大限度节省能源的最大粉碎粒度，也要求不同饲料原料成分的粒度尽可能匹配。生产粉状饲料，粒度匹配十分重要，否则易产生分离。生产中经常遇到钙、磷饲料较细，常规的能量、蛋白质饲料相对较粗，混合过程容易产生分离，使饲料不容易混合均匀。

（5）对颗粒的要求

1）颗粒成型率。测定颗粒成型率时可用小于粒径 20% 的丝网筛筛分颗粒饲料。如果颗粒饲料的粒径为 5.0 毫米，则用 4.0 毫米的丝网筛筛分。筛上物的百分比即可代表颗粒成型率。鸭饲料的颗粒成型率要求大于 95%。

2）颗粒长度。直径在 4 毫米以下的饲料颗粒其长度为其粒径的 2~5 倍，直径在 4 毫米以上的饲料颗粒其长度为其粒径的 1.5~3 倍。

第三节　饲料贮藏质量控制

一、预混合饲料贮藏

1. 影响预混合饲料贮藏稳定性的因素

（1）某些组分间相互影响　某些微量元素，特别是以硫酸盐形式存在的部分微量元素，会加速氧化还原过程，会相互破坏或破坏某些维生素。如碘化钾与硫酸盐不相容，因此，碘化钾在混合前必须先进行稳定化处理。矿物质元素会加快维生素 C 的氧化，有些维生素彼此间也不相容。如维生素 B_1、维生素 B_2、维生素 C 与叶酸不相容。维生素 C 作为强还原剂对其他维生素的稳定性有不利的影响。烟酸和氯化胆碱相当稳定，但会引起一些维生素的损失。

【提示】

使用稳定化的维生素制品，如微粒胶囊制品，可以减少相互影响造成的损失。

（2）水分含量对贮藏的影响　预混合饲料的许多组分对水分极为敏感，水分是影响预混合饲料物理化学过程和生物化学作用强度最重要的因素，因此，水分对于预混合饲料的贮藏性能影响很大。预混合饲料的含水量通常规定不超过 10%。

（3）介质 pH 与适宜值相差太大影响贮藏稳定性　预混合饲料内生物活性物质的稳定性与 pH 有关。大多数组分在 pH 为 5.5~7.5 时最为稳定，因此，载体或稀释剂的 pH 也以 5.5~7.5 为宜，否则将影响预混合饲料的稳定性。

【提示】

载体与稀释剂的 pH 直接影响微量组分的活性，由于各种微量组分酸碱度不相同，在过酸（pH 小于或等于 5）或过碱（pH 大于或等于 9）条件下均会对微量组分产生一定的影响，故在选择载体或稀释剂时，应考虑微量组分的适宜 pH。

2. 安全贮藏措施

（1）防潮、隔光和密闭 采用多层纸袋包装，每袋净重一般不超过 25 千克，按品种分组堆放在干燥、清洁、通风良好的防潮板上。

（2）添加抗氧化剂和防霉剂 为提高预混合饲料的稳定性，可在预混合饲料中加入适量的抗氧化剂和防霉剂。

（3）防止交叉污染 含药预混合饲料要妥善放置，加工、贮藏过程中散落在地上的预混合饲料，必须认真收集处理，防止交叉污染。

（4）控制温度和湿度 存放预混合饲料的库房温度应控制在 25℃以下，相对湿度应控制在 75%以下。因此，库房尽量建在阴凉、通风、干燥的地方，有条件的配备空调或排气扇等设施。

（5）尽可能在短期用完 预混合饲料的贮藏期与质量关系密切，一般安全贮藏期为 3~6 个月，但应尽量在 1 个月内用完。

二、浓缩饲料贮藏

1. 合理的包装与堆放

浓缩饲料具有较高的吸湿性，采用包装形式贮藏为好。包装袋可用牛皮纸袋或编织袋。袋装的浓缩饲料在不同的温度下贮藏时，应采取不同的堆高，高于 10℃时不应超过 10 袋堆高，低于 10℃时不应超过 14 袋堆高。

2. 勤检查，常测温

在浓缩饲料的贮藏过程中，应定期检查温度、含水量、气味及虫害感染度。在不同的气温条件下，应采用不同的查温周期：0℃以下时，每15天检查1次；0~20℃时，每7天至少检查1次；20℃以上时，每3天必须检查1次。对浓缩饲料的含水量的测定，每15天不得少于1次。在各地空气相对湿度高的季节，更应勤查贮料，因为在这种情况下，浓缩饲料的含水量最容易增大，品质最易变劣。

3. 在安全贮藏期内用完

浓缩饲料的安全贮藏期，一般粉料成品为2个月，颗粒成品为3个月。应尽可能在安全贮藏期内饲喂完。

三、全价配合饲料贮藏

1. 在低温、干燥、避光和清洁的地方贮藏（彩图23、彩图24）

颗粒状全价配合饲料贮藏期一般为1~2个月，粉状全价配合饲料的贮藏期不宜超过20天。贮藏期间要注意成品库的清洁卫生，腾空的地方应尽快全面清理，打扫干净。要注意控制水分，低温贮藏。在常温成品库内储存全价配合饲料，一般要求相对湿度在70%以下，全价配合饲料的水分含量不应超过12.5%；如果环境温度控制在15℃以下，相对湿度在80%以下，可延长贮藏期。为了控制成品库的温度和湿度，可以安装通风机，利用通风均衡温度和湿度，防止全价配合饲料霉变。

2. 不同的料型贮藏方法不同

全价配合饲料种类很多，料型不同（颗粒饲料、粉料），贮藏方法也各不相同。颗粒饲料采用蒸汽制粒处理，能杀死绝大部分微生物和害虫，而且含水量较低，维生素容易被光破坏。因此，颗粒饲料在贮藏期间必须保持干燥，包装要用双层袋，内用不透气的塑料袋，外用编织袋包装。贮藏饲料的温度要低于10℃。粉料大部分是谷物，表面积大，孔隙度小，导热性差，容易吸湿发霉，其中的维生素随温度升高而损失加大。因此，粉料一般不宜久放，要尽快使用，存放时间不宜超过1个月。

3. 注意事项

（1）堆装高度 全价配合饲料的安全贮藏期与堆装条件有关。

散装仓房贮藏粉料成品时，其含水量若低于13%，堆高应该不大于4米；含水量若大于13%，堆高应不大于2.5米。包装贮藏时，若温度大于10℃，堆高不应超过12包；若温度小于10℃，堆高不应超过14包。

（2）添加油脂　添加油脂的粉料成品，应缩短贮藏期，添加油脂量小于3%的全价配合饲料，贮藏期不应超过10天，添加3%~6%油脂的全价配合饲料，贮藏期不应超过4天。

（3）不同料型、不同贮仓，贮藏稳定性有差异　颗粒饲料成品比粉料贮藏稳定性好。为了便于发放，散装全价配合饲料可存放在钢板仓内；为了安全贮藏期更长，则以贮藏在钢筋混凝土仓内（隔热性好）为佳。虽然颗粒饲料成品具有较好的贮藏稳定性，其安全贮藏期一般不宜超过1~2个月。

附录

附录 A　中国饲料成分及营养价值表（2021 年第 32 版）

附表 A-1　饲料描述及常规成分*

饲料名称	饲料描述	干物质 DM (%)	粗蛋白质 CP (%)	粗脂肪 EE (%)	粗纤维 CF (%)	无氮浸出物 NFE (%)	粗灰分 Ash (%)	中性洗涤纤维 NDF (%)	酸性洗涤纤维 ADF (%)	淀粉 Starch (%)	钙 Ca (%)	总磷 P (%)	有效磷 A—P (%)
玉米	成熟，高蛋白，优质	88.0	9.0	3.5	2.8	71.5	1.2	9.1	3.3	61.7	0.01	0.31	0.09
玉米	成熟，高赖氨酸，优质	86.0	8.5	5.3	2.6	68.3	1.3	9.4	3.5	59.0	0.16	0.25	0.05
玉米	成熟 GB 1353—2018，1 级	86.0	8.7	3.6	1.6	70.7	1.4	9.3	2.7	65.4	0.02	0.27	0.05
玉米	成熟 GB 1353—2018，2 级	86.0	8.0	3.6	2.3	71.8	1.2	9.9	3.1	63.5	0.02	0.27	0.05

（续）

饲料名称	饲料描述	干物质 DM（%）	粗蛋白质 CP（%）	粗脂肪 EE（%）	粗纤维 CF（%）	无氮浸出物 NFE（%）	粗灰分 Ash（%）	中性洗涤纤维 NDF（%）	酸性洗涤纤维 ADF（%）	淀粉 Starch（%）	钙 Ca（%）	总磷 P（%）	有效磷 A—P（%）
高粱	成熟 GB 8231—1987	88.0	8.7	3.4	1.4	70.7	1.8	17.4	8.0	68.0	0.13	0.36	0.09
小麦	混合小麦，成熟 GB 1351—2008 2级	88.0	13.4	1.7	1.9	69.1	1.9	13.3	3.9	54.6	0.17	0.41	0.21
大麦（裸）	裸大麦，成熟 GB/T 11760—2008 2级	87.0	13.0	2.1	2.0	67.7	2.2	10.0	2.2	50.2	0.04	0.39	0.12
大麦（皮）	皮大麦，成熟 GB 10367—89 1级	87.0	11.0	1.7	4.8	67.1	2.4	18.4	6.8	52.2	0.09	0.33	0.10
黑麦	籽粒，进口	88.0	9.5	1.5	2.2	73.0	1.8	12.3	4.6	56.5	0.05	0.30	0.14
稻谷	成熟，晒干 NY/T 2级	86.0	7.8	1.6	8.2	63.8	4.6	27.4	13.7	63.0	0.03	0.36	0.15
糙米	除去外壳的大米 GB/T 18810—2002 1级	87.0	8.8	2.0	0.7	74.2	1.3	1.6	0.8	47.8	0.03	0.35	0.13
碎米	加工精米后副产品 GB/T 5503—2009 1级	88.0	10.4	2.2	1.1	72.7	1.6	0.8	0.6	51.6	0.06	0.35	0.12

粟（谷子）	合格，带壳，成熟	86.5	9.7	2.3	6.8	65.0	2.7	15.2	13.3	63.2	0.12	0.30	0.09
木薯干	木薯干片，晒干 GB 10369—1989 合格	87.0	2.5	0.7	2.5	79.4	1.9	8.4	6.4	71.6	0.27	0.09	0.03
甘薯干	甘薯干片，晒干 NY/T 121—1989 合格	87.0	4.0	0.8	2.8	76.4	3.0	8.1	4.1	64.5	0.19	0.02	—
次粉	黑面，黄粉，下面 NY/T 211—1992 1级	88.0	15.4	2.2	1.5	67.1	1.5	18.7	4.3	37.8	0.08	0.48	0.17
次粉	黑面，黄粉，下面 NY/T 211—1992 2级	87.0	13.6	2.1	2.8	66.7	1.8	31.9	10.5	36.7	0.08	0.48	0.17
小麦麸	传统制粉工艺 GB 10368—1989 1级	87.0	15.7	3.9	6.5	56.0	4.9	37.0	13.0	22.6	0.11	0.92	0.32
小麦麸	传统制粉工艺 GB 10368—1989 2级	87.0	14.3	4.0	6.8	57.1	4.8	41.3	11.9	19.8	0.10	0.93	0.33
米糠	新鲜，不脱脂 NY/T 2级	90.0	14.5	15.5	6.8	45.6	7.6	20.3	11.6	27.4	0.05	2.37	0.35
米糠饼	未脱脂，机榨 NY/T 1级	90.0	15.0	9.2	7.6	49.3	8.9	28.3	11.9	30.9	0.14	1.73	0.25
米糠粕	浸提或预压浸提 NY/T 1级	87.0	15.1	2.0	7.5	53.6	8.8	23.3	10.9	25.0	0.15	1.82	0.25
大豆	黄大豆，成熟 GB1352—1986 2级	87.0	35.5	17.3	4.3	25.7	4.2	7.9	7.3	2.6	0.27	0.48	0.12

（续）

饲料名称	饲料描述	干物质 DM（%）	粗蛋白质 CP（%）	粗脂肪 EE（%）	粗纤维 CF（%）	无氮浸出物 NFE（%）	粗灰分 Ash（%）	中性洗涤纤维 NDF（%）	酸性洗涤纤维 ADF（%）	淀粉 Starch（%）	钙 Ca（%）	总磷 P（%）	有效磷 A—P（%）
全脂大豆	微粒化 GB/T 20411—2006	88.0	35.5	18.7	4.6	25.2	4.0	11.0	6.4	6.7	0.32	0.40	0.10
大豆饼	机榨 GB 10379—1989 2 级	89.0	41.8	5.8	4.8	30.7	5.9	18.1	15.5	3.6	0.31	0.50	0.13
去皮大豆粕	去皮，浸提或预压浸提 NY/T 1 级	89.0	47.9	1.5	3.3	29.7	4.9	8.8	5.3	1.8	0.34	0.65	0.24
大豆粕	浸提或预压浸提 GB/T 19541—2017	89.0	44.2	1.9	5.9	28.3	6.1	13.6	9.6	3.5	0.33	0.62	0.16
棉籽饼	机榨 NY/T 129—1989 2 级	88.0	36.3	7.4	12.5	26.1	5.7	32.1	22.9	3.0	0.21	0.83	0.21
棉籽粕	浸提 GB 21264—2007 1 级	90.0	47.0	0.5	10.2	26.3	6.0	22.5	15.3	1.5	0.25	1.10	0.28
棉籽粕	浸提 GB 21264—2007 2 级	90.0	43.5	0.5	10.5	28.9	6.6	28.4	19.4	1.8	0.28	1.04	0.26
棉籽蛋白	脱酚，低温一次浸出，分步萃取	92.0	51.1	1.0	6.9	27.3	5.7	20.0	13.7	0.9	0.29	0.89	0.22
菜籽饼	机榨 NY/T 1799—2009 2 级	88.0	35.7	7.4	11.4	26.3	7.2	33.3	26.0	3.8	0.59	0.96	0.20
菜籽粕	浸提 GB/T 23736—2009 2 级	88.0	38.6	1.4	11.8	28.9	7.3	20.7	16.8	6.1	0.65	1.02	0.25

花生饼	机榨 NY/T 132—2019 2 级	88.0	44.7	7.2	5.9	25.1	5.1	14.0	8.7	6.6	0.25	0.53	0.16
花生粕	浸提 NY/T 133—1989 132—2019 2 级	88.0	47.8	1.4	6.2	27.2	5.4	15.5	11.7	6.7	0.27	0.56	0.17
向日葵仁饼	壳仁比 35：65 NY/T 128—1989 3 级	88.0	29.0	2.9	20.4	31.0	4.7	41.4	29.6	2.0	0.24	0.87	0.22
向日葵仁粕	壳仁比 16：84 NY/T 127—1989 2 级	88.0	36.5	1.0	10.5	34.4	5.6	14.9	13.6	6.2	0.27	1.13	0.29
向日葵仁粕	壳仁比 24：76 NY/T 127—1989 2 级	88.0	33.6	1.0	14.8	38.8	5.3	32.8	23.5	4.4	0.26	1.03	0.26
亚麻仁饼	机榨 NY/T 216—1992 2 级	88.0	32.2	7.8	7.8	34.0	6.2	29.7	27.1	11.4	0.39	0.88	0.22
亚麻仁粕	浸提或预压浸提 NY/T 217—1992 2 级	88.0	34.8	1.8	8.2	36.6	6.6	21.6	14.4	13.0	0.42	0.95	0.24
芝麻饼	机榨，CP 40%	92.0	39.2	10.3	7.2	24.9	10.4	18.0	13.2	1.8	2.24	1.19	0.31
玉米蛋白粉	去胚芽、淀粉后的面筋部分 NY/T 685—2003 1 级	90.1	63.5	5.4	1.0	19.2	1.0	8.7	4.6	17.2	0.07	0.44	0.16
玉米蛋白粉	同上，中等蛋白质产品，CP50% NY/T 685—2003 2 级	88.0	56.3	4.7	1.3	23.4	2.3	8.2	5.1	16.1	0.04	0.44	0.15
玉米蛋白粉	同上，中等蛋白质产品，CP40% NY/T 685—2003 3 级	89.9	44.3	6.0	1.6	37.1	0.9	29.1	8.2	20.6	0.12	0.50	0.31

（续）

饲料名称	饲料描述	干物质 DM（%）	粗蛋白质 CP（%）	粗脂肪 EE（%）	粗纤维 CF（%）	无氮浸出物 NFE（%）	粗灰分 Ash（%）	中性洗涤纤维 NDF（%）	酸性洗涤纤维 ADF（%）	淀粉 Starch（%）	钙 Ca（%）	总磷 P（%）	有效磷 A—P（%）
玉米蛋白饲料	玉米去胚芽、淀粉后的含皮残渣	88.0	18.3	7.5	7.8	47.0	5.4	33.6	10.5	21.5	0.15	0.70	0.17
玉米胚芽饼	玉米湿磨后的胚芽，机榨	90.0	16.7	9.6	6.3	50.8	6.6	28.5	7.4	13.5	0.04	0.50	0.15
玉米胚芽粕	玉米湿磨后的胚芽，浸提	90.0	20.8	2.0	6.5	54.8	5.9	38.2	10.7	14.2	0.06	0.50	0.15
DDGS	玉米酒精糟及可溶物，脱水	89.2	27.5	10.1	6.6	39.9	5.1	38.3	12.5	4.2	0.06	0.71	0.48
蚕豆粉浆蛋白粉	蚕豆去皮制粉丝后的浆液，脱水	88.0	66.3	4.7	4.1	10.3	2.6	13.7	9.7	—		0.59	0.18
麦芽根	大麦芽副产品，干燥	89.7	28.3	1.4	12.5	41.4	6.1	40.0	15.1	7.2	0.22	0.73	0.18
鱼粉（CP 67%）	进口 GB/T 19164—2003 特级	92.4	67.0	8.4	0.2	0.4	16.4				4.56	2.88	2.88
鱼粉（CP 60.2%）	沿海产的海鱼粉，脱脂，12 样平均值	90.0	60.2	4.9	0.5	11.6	12.8				4.04	2.90	2.90
鱼粉（CP 53.5%）	沿海产的海鱼粉，脱脂，11 样平均值	90.0	53.5	10.0	0.8	4.9	20.8				5.88	3.20	3.20

血粉	鲜猪血，喷雾干燥，国产	88.0	82.8	0.4		1.6	3.2				0.29	0.31	0.29
羽毛粉	纯净羽毛，水解，国产	88.0	77.9	2.2	0.7	1.4	5.8				0.20	0.68	0.61
皮革粉	废牛皮，水解，国产	88.0	74.7	0.8	1.6		10.9				4.40	0.15	0.13
肉骨粉	屠宰下脚，带骨干燥粉碎	93.0	50.0	8.5	2.8		31.7				9.20	4.70	4.37
肉粉	脱脂，国产	94.0	54.0	12.0	1.4	4.3	22.3				7.69	3.88	3.61
苜蓿草粉（CP 19%）	一茬盛花期烘干 NY/T 140—2002 1 级	87.0	19.1	2.3	22.7	35.3	7.6	36.7	25.0	6.1	1.40	0.51	0.51
苜蓿草粉（CP 17%）	一茬盛花期烘干 NY/T 140—2002 2 级	87.0	17.2	2.6	25.6	33.3	8.3	39.0	28.6	3.4	1.52	0.22	0.22
苜蓿草粉（CP 14%~15%）	NY/T 140—2002 3 级	87.0	14.3	2.1	29.8	33.8	10.1	36.8	29.0	3.5	1.34	0.19	0.19
啤酒糟	大麦酿造副产品	88.0	24.3	5.3	13.4	40.8	4.2	39.4	24.6	11.5	0.32	0.42	0.14
啤酒酵母	啤酒酵母菌粉 QB/T 1940—1994	91.7	52.4	0.4	0.6	33.6	4.7	6.1	1.8	1.0	0.16	1.02	0.46
乳清粉	乳清，脱水，乳糖含量 73%	97.2	11.5	0.8	0.1	76.8	8.0				0.62	0.69	0.52
酪蛋白	脱水，来源于牛奶	91.7	89.0	0.2		0.4	2.1				0.20	0.68	0.67
明胶	食用	90.0	88.6	0.5		0.59	0.31				0.49		

（续）

饲料名称	饲料描述	干物质 DM (%)	粗蛋白质 CP (%)	粗脂肪 EE (%)	粗纤维 CF (%)	无氮浸出物 NFE (%)	粗灰分 Ash (%)	中性洗涤纤维 NDF (%)	酸性洗涤纤维 ADF (%)	淀粉 Starch (%)	钙 Ca (%)	总磷 P (%)	有效磷 A—P (%)
牛奶乳糖	进口，含乳糖 80%以上	96.0	3.5	0.5		82.0	10.0				0.52	0.62	0.62
乳糖	食用	96.0	0.3			95.7							
葡萄糖	食用	90.0	0.3			89.7							
蔗糖	食用	99.0				98.5	0.5				0.04		
玉米淀粉	食用	99.0	0.3	0.2		98.5				98.0		0.03	0.01
牛脂		99.0		98.0*		0.5	0.5						
猪油		99.0		98.0*		0.5	0.5						
家禽脂肪		99.0		98.0*		0.5	0.5						
鱼油		99.0		98.0*		0.5	0.5						
菜籽油		99.0		98.0*		0.5	0.5						
椰子油		99.0		98.0*		0.5	0.5						

玉米油		99.0	98.0*	0.5	0.5
棉籽油		99.0	98.0*	0.5	0.5
棕榈油		99.0	98.0*	0.5	0.5
花生油		99.0	98.0*	0.5	0.5
芝麻油		99.0	98.0*	0.5	0.5
大豆油	粗制	99.0	98.0*	0.5	0.5
葵花籽油		99.0	98.0*	0.5	0.5

注：1. 表中空的数据项代表为“0”（下同）。

2. 从附表 A-1 至附表 A-5 所示所有数据，无特别说明者，均表示为饲喂状态的含量数据。

* 代表典型值（下同）。

附表 A-2 饲料中矿物质及

饲料名称	钠 Na (%)	氯 Cl (%)	镁 Mg (%)	钾 K (%)	铁 Fe/(毫克/千克)	铜 Cu/(毫克/千克)	锰 Mn/(毫克/千克)	锌 Zn/(毫克/千克)	硒 Se/(毫克/千克)	胡萝卜素/(毫克/千克)
玉米	0.01	0.04	0.11	0.29	36	3.4	5.8	21.1	0.04	2
高粱	0.03	0.09	0.15	0.34	87	7.6	17.1	20.1	0.05	
小麦	0.06	0.07	0.11	0.50	88	7.9	45.9	29.7	0.05	0.4
大麦（裸）	0.04		0.11	0.60	100	7.0	18.0	30.0	0.16	
大麦（皮）	0.02	0.15	0.14	0.56	87	5.6	17.5	23.6	0.06	4.1
黑麦	0.02	0.04	0.12	0.42	117	7.0	53.0	35.0	0.40	
稻谷	0.04	0.07	0.07	0.34	40	3.5	20.0	8.0	0.04	
糙米	0.04	0.06	0.14	0.34	78	3.3	21.0	10.0	0.07	
碎米	0.07	0.08	0.11	0.13	62	8.8	47.5	36.4	0.06	
粟（谷子）	0.04	0.14	0.16	0.43	270	24.5	22.5	15.9	0.08	1.2
木薯干	0.03		0.11	0.78	150	4.2	6.0	14.0	0.04	
甘薯干	0.16		0.08	0.36	107	6.1	10.0	9.0	0.07	
次粉（1级）	0.60	0.04	0.41	0.60	140	11.6	94.2	73.0	0.07	3.0
次粉（2级）	0.60	0.04	0.41	0.60	140	11.6	94.2	73.0	0.07	3.0
小麦麸（1级）	0.07	0.07	0.52	1.19	170	13.8	104.3	96.5	0.07	1.0
小麦麸（2级）	0.07	0.07	0.47	1.19	157	16.5	80.6	104.7	0.05	1.0
米糠	0.07	0.07	0.90	1.73	304	7.1	175.9	50.3	0.09	
米糠饼	0.08		1.26	1.80	400	8.7	211.6	56.4	0.09	
米糠粕	0.09	0.10		1.80	432	9.4	228.4	60.9	0.10	
大豆	0.02	0.03	0.28	1.70	111	18.1	21.5	40.7	0.06	
全脂大豆	0.02	0.03	0.28	1.70	111	18.1	21.5	40.7	0.06	
大豆饼	0.02	0.02	0.25	1.77	187	19.8	32.0	43.4	0.04	
去皮大豆粕	0.03	0.05	0.28	2.05	185	24.0	38.2	46.4	0.10	0.2

维生素含量（部分）

维生素E/（毫克/千克）	维生素B_1/（毫克/千克）	维生素B_2/（毫克/千克）	泛酸/（毫克/千克）	烟酸/（毫克/千克）	生物素/（毫克/千克）	叶酸/（毫克/千克）	胆碱/（毫克/千克）	维生素B_6/（毫克/千克）	维生素B_{12}/（微克/千克）	亚油酸（%）
22.0	3.5	1.1	5.0	24.0	0.06	0.15	620	10.0		2.20
7.0	3.0	1.3	12.4	41.0	0.26	0.20	668	5.2		1.13
13.0	4.6	1.3	11.9	51.0	0.11	0.36	1040	3.7		0.59
48.0	4.1	1.4		87.0				19.3		
20.0	4.5	1.8	8.0	55.0	0.15	0.07	990	4.0		0.83
15.0	3.6	1.5	8.0	16.0	0.06	0.60	440	2.6		0.76
16.0	3.1	1.2	3.7	34.0	0.08	0.45	900	28.0		0.28
13.5	2.8	1.1	11.0	30.0	0.08	0.40	1014	0.04		
14.0	1.4	0.7	8.0	30.0	0.08	0.20	800	28.0		
36.3	6.6	1.6	7.4	53.0		15.00	790			0.84
	1.7	0.8	1.0	3.0				1.00		0.10
20.0	16.5	1.8	15.6	72.0	0.33	0.76	1187	9.0		1.74
20.0	16.5	1.8	15.6	72.0	0.33	0.76	1187	9.0		1.74
14.0	8.0	4.6	31.0		0.36	0.63	980	7.0		1.70
14.0	8.0	4.6	31.0	186.0	0.36	0.63	980	7.0		1.70
60.0	22.5	2.5	23.0	293.0	0.42	2.20	1135	14.0		3.57
11.0	24.0	2.9	94.9	689.0	0.70	0.88	1700	54.0	40.0	
40.0	12.3	2.9	17.4	24.0	0.42	2.00	3200	12.0		8.00
40.0	12.3	2.9	17.4	24.0	0.42	4.00	3200	12.00		8.00
6.6	1.7	4.4	13.8	37.0	0.32	0.45	2673	10.00		
3.1	4.6	3.0	16.4	30.7	0.33	0.81	2858	6.10		0.51

附表 A-3　饲料中氨基酸含量

饲料名称	干物质 DM (%)	粗蛋白质 CP (%)	精氨酸 Arg (%)	组氨酸 His (%)	异亮氨酸 Ile (%)	亮氨酸 Leu (%)	赖氨酸 Lys (%)	蛋氨酸 Met (%)	胱氨酸 Cys (%)	苯丙氨酸 Phe (%)	酪氨酸 Tyr (%)	苏氨酸 Thr (%)	色氨酸 Trp (%)	缬氨酸 Val (%)
玉米（CP 9.4%）	86.0	9.4	0.38	0.23	0.26	1.03	0.26	0.19	0.22	0.43	0.34	0.31	0.08	0.40
玉米（CP 8.5%）	86.0	8.5	0.50	0.29	0.27	0.74	0.36	0.15	0.18	0.37	0.28	0.30	0.08	0.46
玉米（CP 8.7%）	86.0	8.7	0.39	0.21	0.25	0.93	0.24	0.18	0.20	0.41	0.33	0.30	0.07	0.38
玉米（CP 8.0%）	86.0	8.0	0.37	0.23	0.27	0.96	0.24	0.17	0.17	0.37	0.31	0.29	0.06	0.35
高粱	88.0	8.7	0.33	0.20	0.34	1.08	0.21	0.15	0.15	0.41		0.28	0.09	0.42
小麦	88.0	13.4	0.62	0.30	0.46	0.89	0.35	0.21	0.30	0.61	0.37	0.38	0.15	0.56
大麦（裸）	87.0	13.0	0.64	0.16	0.43	0.87	0.44	0.14	0.25	0.68	0.40	0.43	0.16	0.63
大麦（皮）	87.0	11.0	0.65	0.24	0.52	0.91	0.42	0.18	0.18	0.59	0.35	0.41	0.12	0.64
黑麦	88.0	9.50	0.48	0.22	0.30	0.58	0.35	0.15	0.21	0.42	0.26	0.31	0.10	0.43
稻谷	86.0	7.8	0.57	0.15	0.32	0.58	0.29	0.19	0.16	0.40	0.37	0.25	0.10	0.47
糙米	87.0	8.8	0.65	0.17	0.30	0.61	0.32	0.20	0.14	0.35	0.31	0.28	0.12	0.49
碎米	88.0	10.4	0.78	0.27	0.39	0.74	0.42	0.22	0.17	0.49	0.39	0.38	0.12	0.57

粟（谷子）	86.5	9.7	0.30	0.20	0.36	1.15	0.15	0.25	0.20	0.49	0.26	0.35	0.17	0.42
木薯干	87.0	2.5	0.40	0.05	0.11	0.15	0.13	0.05	0.04	0.10	0.04	0.10	0.03	0.13
甘薯干	87.0	4.0	0.16	0.08	0.17	0.26	0.16	0.06	0.08	0.19	0.13	0.18	0.05	0.27
次粉（1级）	88.0	15.4	0.86	0.41	0.55	1.06	0.59	0.23	0.37	0.66	0.46	0.50	0.21	0.72
次粉（2级）	87.0	13.6	0.85	0.33	0.48	0.98	0.52	0.16	0.33	0.63	0.45	0.50	0.18	0.68
小麦麸（1级）	87.0	15.7	1.00	0.41	0.51	0.96	0.63	0.23	0.32	0.62	0.43	0.50	0.25	0.71
小麦麸（2级）	87.0	14.3	0.88	0.37	0.46	0.88	0.56	0.22	0.31	0.57	0.34	0.45	0.18	0.65
米糠	87.0	14.5	1.20	0.44	0.71	1.13	0.84	0.28	0.21	0.71	0.56	0.54	0.16	0.91
米糠饼	88.0	15.0	1.19	0.43	0.72	1.06	0.66	0.26	0.30	0.76	0.51	0.53	0.15	0.99
米糠粕	87.0	15.1	1.28	0.46	0.78	1.30	0.72	0.28	0.32	0.82	0.55	0.57	0.17	1.07
大豆	87.0	35.5	2.57	0.59	1.28	2.72	2.20	0.56	0.70	1.42	0.64	1.41	0.45	1.50
全脂大豆	88.0	35.5	2.62	0.95	1.63	2.64	2.20	0.53	0.57	1.77	1.25	1.43	0.45	1.69
大豆饼	89.0	41.8	2.53	1.10	1.57	2.75	2.43	0.60	0.62	1.79	1.53	1.44	0.64	1.70
去皮大豆粕	89.0	47.9	3.43	1.22	2.10	3.57	2.99	0.68	0.73	2.33	1.57	1.85	0.65	2.26
大豆粕	89.0	44.2	3.38	1.17	1.99	3.35	2.68	0.59	0.65	2.21	1.47	1.71	0.57	2.09
棉籽饼	88.0	36.3	3.94	0.90	1.16	2.07	1.40	0.41	0.70	1.88	0.95	1.14	0.39	1.51
棉籽粕	88.0	47.0	5.44	1.28	1.41	2.60	2.13	0.65	0.75	2.47	1.46	1.43	0.57	1.98
棉籽粕	90.0	43.5	4.65	1.19	1.29	2.47	1.97	0.58	0.68	2.28	1.05	1.25	0.51	1.91

（续）

饲料名称	干物质 DM (%)	粗蛋白质 CP (%)	精氨酸 Arg (%)	组氨酸 His (%)	异亮氨酸 Ile (%)	亮氨酸 Leu (%)	赖氨酸 Lys (%)	蛋氨酸 Met (%)	胱氨酸 Cys (%)	苯丙氨酸 Phe (%)	酪氨酸 Tyr (%)	苏氨酸 Thr (%)	色氨酸 Trp (%)	缬氨酸 Val (%)
棉籽蛋白	92.0	51.1	6.08	1.58	1.72	3.13	2.26	0.86	1.04	2.94	1.42	1.60		2.48
菜籽饼	88.0	35.7	1.82	0.83	1.24	2.26	1.33	0.60	0.82	1.35	0.92	1.40	0.42	1.62
菜籽粕	88.0	38.6	1.83	0.86	1.29	2.34	1.30	0.63	0.87	1.45	0.97	1.49	0.43	1.74
花生饼	88.0	44.7	4.60	0.83	1.18	2.36	1.32	0.39	0.38	1.81	1.31	1.05	0.42	1.28
花生粕	88.0	47.8	4.88	0.88	1.25	2.50	1.40	0.41	0.40	1.92	1.39	1.11	0.45	1.36
向日葵仁饼	88.0	29.0	2.44	0.62	1.19	1.76	0.96	0.59	0.43	1.21	0.77	0.98	0.28	1.35
向日葵仁粕（壳仁比16：84）	88.0	36.5	3.17	0.81	1.51	2.25	1.22	0.72	0.62	1.56	0.99	1.25	0.47	1.72
向日葵仁粕（壳仁比24：76）	88.0	33.6	2.89	0.74	1.39	2.07	1.13	0.69	0.50	1.43	0.91	1.14	0.37	1.58
亚麻仁饼	88.0	32.2	2.35	0.51	1.15	1.62	0.73	0.46	0.48	1.32	0.50	1.00	0.48	1.44
亚麻仁粕	88.0	34.8	3.59	0.64	1.33	1.85	1.16	0.55	0.55	1.51	0.93	1.10	0.70	1.51
芝麻饼	92.0	39.2	2.38	0.81	1.42	2.52	0.82	0.82	0.75	1.68	1.02	1.29	0.49	1.84
玉米蛋白粉（1级）	90.1	63.5	2.01	1.23	2.92	10.50	1.10	1.60	0.99	3.94	3.19	2.11	0.36	2.94

玉米蛋白粉（2级）	88.0	56.3	1.73	1.17	2.21	8.91	0.92	1.38	1.00	3.38	3.04	1.88	0.28	2.58
玉米蛋白粉（3级）	89.9	44.3	1.31	0.78	1.63	7.08	0.71	1.04	0.65	2.61	2.03	1.38	—	1.84
玉米蛋白饲料	88.0	18.3	0.74	0.54	0.54	1.57	0.55	0.30	0.39	0.62	0.50	0.66	0.08	0.87
玉米胚芽饼	90.0	16.7	1.16	0.45	0.53	1.25	0.70	0.31	0.47	0.64	0.54	0.64	0.16	0.91
玉米胚芽粕	90.0	20.8	1.51	0.62	0.77	1.54	0.75	0.21	0.28	0.93	0.66	0.68	0.18	1.66
玉米 DDGS	89.2	27.5	1.12	0.75	0.97	3.13	0.71	0.57	0.54	1.28	1.09	0.99	0.20	1.32
蚕豆粉浆蛋白粉	88.0	66.3	5.96	1.66	2.90	5.88	4.44	0.60	0.57	3.34	2.21	2.31	—	3.20
麦芽根	89.7	28.3	1.22	0.54	1.08	1.58	1.30	0.37	0.26	0.85	0.67	0.96	0.42	1.44
鱼粉（CP67%）	92.4	67.0	3.93	2.01	2.61	4.94	4.97	1.86	0.60	2.61	1.97	2.74	0.77	3.11
鱼粉（CP60.2%）	90.0	60.2	3.57	1.71	2.68	4.80	4.72	1.64	0.52	2.35	1.96	2.57	0.70	3.17
鱼粉（CP53.5%）	90.0	53.5	3.24	1.29	2.30	4.30	3.87	1.39	0.49	2.22	1.70	2.51	0.60	2.77
血粉	88.0	82.8	2.99	4.40	0.75	8.38	6.67	0.74	0.98	5.23	2.55	2.86	1.11	6.08
羽毛粉	88.0	77.9	5.30	0.58	4.21	6.78	1.65	0.59	2.93	3.57	1.79	3.51	0.40	6.05

（续）

饲料名称	干物质 DM（%）	粗蛋白质 CP（%）	精氨酸 Arg（%）	组氨酸 His（%）	异亮氨酸 Ile（%）	亮氨酸 Leu（%）	赖氨酸 Lys（%）	蛋氨酸 Met（%）	胱氨酸 Cys（%）	苯丙氨酸 Phe（%）	酪氨酸 Tyr（%）	苏氨酸 Thr（%）	色氨酸 Trp（%）	缬氨酸 Val（%）
皮革粉	88.0	74.7	4.45	0.40	1.06	2.53	2.18	0.80	0.16	1.56	0.63	0.71	0.50	1.91
肉骨粉	93.0	50.0	3.35	0.96	1.70	3.20	2.60	0.67	0.33	1.70	1.26	1.63	0.26	2.25
肉粉	94.0	54.0	3.60	1.14	1.60	3.84	3.07	0.80	0.60	2.17	1.40	1.97	0.35	2.66
苜蓿草粉（CP19%）	87.0	19.1	0.78	0.39	0.68	1.20	0.82	0.21	0.22	0.82	0.58	0.74	0.43	0.91
苜蓿草粉（CP17%）	87.0	17.2	0.74	0.32	0.66	1.10	0.81	0.20	0.16	0.81	0.54	0.69	0.37	0.85
苜蓿草粉（CP14%~15%）	87.0	14.3	0.61	0.19	0.58	1.00	0.60	0.18	0.15	0.59	0.38	0.45	0.24	0.58
啤酒糟	88.0	24.3	0.98	0.51	1.18	1.08	0.72	0.52	0.35	2.35	1.17	0.81	0.28	1.66
啤酒酵母	91.7	52.4	2.67	1.11	2.85	4.76	3.38	0.83	0.50	4.07	0.12	2.33	0.21	3.40
乳清粉	97.2	11.5	0.26	0.21	0.64	1.11	0.88	0.17	0.26	0.35	0.27	0.71	0.20	0.61
酪蛋白	91.7	88.9	3.13	2.57	4.49	8.24	6.87	2.52	0.45	4.49	4.87	3.77	1.33	5.81
明胶	90.0	88.6	6.60	0.66	1.42	2.91	3.62	0.76	0.12	1.74	0.43	1.82	0.05	2.26
牛奶乳糖	96.0	3.5	0.25	0.09	0.09	0.16	0.14	0.03	0.04	0.09	0.02	0.09	0.09	0.09

附表 A-4 常用矿物质饲料中矿物元素的含量（以饲喂状态为基础）

饲料名称	钙 Ca（%）	磷 P（%）	磷利用率*	钠 Na（%）	氯 Cl（%）	钾 K（%）	镁 Mg（%）	硫 S（%）	铁 Fe（%）	锰 Mn（%）
碳酸钙，饲料级轻质	38.42	0.02		0.08	0.02	0.08	1.610	0.08	0.06	0.02
磷酸氢钙，无水	29.60	22.77	95~100	0.18	0.47	0.15	0.800	0.80	0.79	0.14
磷酸氢钙，2 个结晶水	23.29	18.00	95~100							
磷酸二氢钙	15.90	24.58	100	0.20		0.16	0.900	0.80	0.75	0.01
磷酸三钙（磷酸钙）	38.76	20.0								
石粉、石灰石、方解石等	35.84	0.01		0.06	0.02	0.11	2.060	0.04	0.35	0.02
骨粉，脱脂	29.80	12.50	80~90	0.04		0.20	0.300	2.40		0.03
贝壳粉	32~35									
蛋壳粉	30~40	0.1~0.4								
磷酸氢铵	0.35	23.48	100	0.20		0.16	0.750	1.50	0.41	0.01
磷酸二氢铵		26.93	100							
磷酸氢二钠	0.09	21.82	100	31.04						

（续）

饲料名称	钙 Ca（%）	磷 P（%）	磷利用率*	钠 Na（%）	氯 Cl（%）	钾 K（%）	镁 Mg（%）	硫 S（%）	铁 Fe（%）	锰 Mn（%）
磷酸二氢钠		25.81	100	19.17	0.02	0.01	0.010			
碳酸钠				43.30						
碳酸氢钠	0.01			27.00		0.01				
氯化钠	0.30			39.50	59.00		0.005	0.20	0.01	
氯化镁							11.950			
碳酸镁	0.02						34.000			0.01
氧化镁	1.69					0.02	55.000	0.10	1.06	
硫酸镁，7 个结晶水	0.02				0.01		9.860	13.01		
氯化钾	0.05			1.00	47.56	52.44	0.230	0.32	0.06	0.001
硫酸钾	0.15			0.09	1.50	44.87	0.600	18.40	0.07	0.001

* 生物学效价估计值，通常以相当于碳酸氢钠或碳酸氢钙中磷的生物学效价表示。

附表 A-5 鸭用饲料能值的参考值（饲喂状态）

饲料名称		干物质 DM（%）	粗蛋白质 CP（%）	表观代谢能（AME）		氮校正表观代谢能（AMEn）		真代谢能（TME）		氮校正真代谢能（TMEn）	
				兆卡/千克	兆焦/千克	兆卡/千克	兆焦/千克	兆卡/千克	兆焦/千克	兆卡/千克	兆焦/千克
谷实类	普通玉米	87.0	7.0	3.11	13.01	3.10	12.97	3.31	13.85	3.27	13.68
	低植酸玉米	89.1	8.6	3.41	14.27	3.39	14.18	4.05	16.95	3.85	16.11
	高油玉米	88.8	9.0	3.56	14.90	3.50	14.64	4.20	17.57	3.96	16.57
	大麦	88.0	11.0	2.62	10.96	2.52	10.52	2.97	12.43	2.86	11.97
	脱壳燕麦	87.8	10.9	3.56	14.90	3.48	14.56	3.76	15.73	3.64	15.23
	珍珠黍	89.9	13.1	3.39	14.18	3.35	14.02	3.61	15.10	3.48	14.56
	稻米	90.3	10.1	3.42	14.31	3.41	14.27	3.74	15.65	3.61	15.10
	黑麦	89.2	10.7	2.63	11.00	2.52	10.54	2.95	12.34	2.85	11.92
	高粱	87.0	8.6	3.09	12.93	3.09	12.93	3.42	14.31	3.39	14.18
	黑小麦	90.2	11.6	2.80	11.72	2.76	11.55	3.17	13.26	3.07	12.84
	小麦	87.2	13.1	3.26	13.64	3.14	13.14	3.46	14.48	3.30	13.81

（续）

饲料名称		干物质 DM（%）	粗蛋白质 CP（%）	表观代谢能（AME）		氮校正表观代谢能（AMEn）		真代谢能（TME）		氮校正真代谢能（TMEn）	
				兆卡/千克	兆焦/千克	兆卡/千克	兆焦/千克	兆卡/千克	兆焦/千克	兆卡/千克	兆焦/千克
粕及其副产品类	大麦粗粉	89.8	10.7	3.73	15.61	3.76	15.73	4.13	17.28	3.9	16.32
	小麦麸	89.1	15.7	2.34	9.79	2.28	9.54	2.79	11.67	2.59	10.84
	小麦次粉	86.1	16.6	2.39	10.00	2.52	10.54	3.12	13.05	2.9	12.13
	菜籽粕	90.5	33.1	2.18	9.12	2.19	9.16	2.76	11.55	2.44	10.21
	玉米蛋白粉	92.3	53.9	4.04	16.90	3.7	15.48	4.37	18.28	3.93	16.44
	低植酸大豆粕	92.4	52.9	3.02	12.64	2.58	10.79	3.54	14.81	2.96	12.38
	普通大豆粕（未去皮）	89.9	45.2	2.86	11.97			3.49	14.61		
	肉骨粉	92.1	49.7	1.78	7.45	1.77	7.41	1.96	8.20		
	鱼粉	90.0	67.5	3.68	15.40			4.05	16.95		

附录 B 关于养殖者自行配制饲料的有关规定

（中华人民共和国农业农村部公告 第 307 号）

为规范养殖者自行配制饲料的行为，保障动物产品质量安全，按照《饲料和饲料添加剂管理条例》有关要求，我部规定如下。

一、养殖者自行配制饲料的，应当利用自有设施设备，供自有养殖动物使用。

二、养殖者自行配制的饲料（以下简称“自配料”）不得对外提供；不得以代加工、租赁设施设备以及其他任何方式对外提供配制服务。

三、养殖者应当遵守我部公布的有关饲料原料和饲料添加剂的限制性使用规定，除当地有传统使用习惯的天然植物原料（不包括药用植物）及农副产品外，不得使用我部公布的《饲料原料目录》《饲料添加剂品种目录》以外的物质自行配制饲料。

四、养殖者应当遵守我部公布的《饲料添加剂安全使用规范》有关规定，不得在自配料中超出适用动物范围和最高限量使用饲料添加剂。严禁在自配料中添加禁用药物、禁用物质及其他有毒有害物质。

五、自配料使用的单一饲料、饲料添加剂、混合型饲料添加剂、添加剂预混合饲料和浓缩饲料应为合法饲料生产企业的合格产品，并按其产品使用说明和注意事项使用。

六、养殖者在日常生产自配料时，不得添加我部允许在商品饲料中使用的抗球虫和中药类药物以外的兽药。因养殖动物发生疾病，需要通过混饲给药方式使用兽药进行治疗的，要严格按照兽药使用规定及法定兽药质量标准、标签和说明书购买使用，兽用处方药必须凭执业兽医处方购买使用。含有兽药的自配料要单独存放并加标识，要建立用药记录制度，严格执行休药期制度，接受县级以上畜牧兽医主管部门监管。

七、自配料原料、半成品、成品等应当与农药、化肥、化工有毒产品以及有可能危害饲料产品安全与养殖动物健康的其他物质分开存放，并采取有效措施避免交叉污染。

八、反刍动物自配料的生产设施设备不得与其他动物自配料生产设施设备共用。反刍动物自配料不得添加乳和乳制品以外的动物源性成分。

九、养殖者违反本规定的，由县级以上饲料主管部门依照《饲料和饲料添加剂管理条例》《兽药管理条例》《国务院关于加强食品等产品安全监督管理的特别规定》等予以处罚。涉嫌犯罪的，移送司法机关依法追究刑事责任。

本规定自 2020 年 8 月 1 日起施行。

农业农村部
2020 年 6 月 12 日

参考文献

［1］张丁华，王艳丰. 肉鸭健康养殖与疾病防治宝典［M］. 北京：化学工业出版社，2016.

［2］张丁华，王艳丰. 蛋鸭健康养殖与疾病防治宝典［M］. 北京：化学工业出版社，2016.

［3］樊丽. 饲料应用手册［M］. 武汉：湖北科学技术出版社，2000.

［4］张穗娟，李琼芳，莫海洪. 微量元素在饲料中的添加原则及计算方法［J］. 广东微量元素科学，2006（9）：7-10.

［5］兰云贤. 动物营养与饲料学实验技能教程［M］. 重庆：西南师范大学出版社，2014.

［6］张春江，陈宗刚. 鸭的圈养与果园林地轮放技术［M］. 北京：科学技术文献出版社，2010.

［7］胡薛英，熊家军. 养鸭必读［M］. 武汉：湖北科学技术出版社，2006.

［8］李忠荣，陈婉如，刘景，等. 肉鸭消化生理特征［J］. 福建畜牧兽医，2012，34（2）：37-39.

［9］宋敏训. 肉鸭安全生产配套技术［M］. 济南：山东科学技术出版社，2016.

［10］陈宗刚，孙国梅. 蛋鸭高效益养殖与产品加工技术［M］. 北京：科学技术文献出版社，2013.

［11］李慧芳，宋卫涛，贾雪波. 蛋鸭优良品种与高效养殖配套技术［M］. 北京：金盾出版社，2017.

［12］吕远蓉. 饲料生产与应用［M］. 成都：西南交通大学出版社，2015.

［13］李慧芳，章双杰，赵宝华. 蛋鸡优良品种与高效养殖配套技术［M］. 北京：金盾出版社，2015.

［14］张艳梅. 饲料加工与贮藏技术［M］. 太原：山西科学技术出版社，2016.

［15］肖发沂，等. 肉鸭饲养员培训教材［M］. 北京：金盾出版社，2008.

［16］宁平. 饲料添加剂开发加工新工艺与应用新技术实务全书（第3卷）［M］. 北京：清华同方光盘电子出版社，2004.

［17］裴彩霞，范华. 饲料掺假鉴别技术［M］. 北京：中国社会出版社，2008.

［18］方希修，黄涛，孙群英. 配合饲料加工工艺与设备［M］. 3版. 北京：中国农业大学出版社，2015.

［19］夏伟光，张罕星，林映才，等. 饲粮代谢能和粗蛋白质水平对蛋鸭产蛋性能的影响［J］. 动物营养学报，2014，26（12）：3599-3607.

书　目

书　名	定价	书　名	定价
高效养土鸡	29.80	高效养肉牛	39.80
高效养土鸡你问我答	29.80	高效养奶牛	22.80
果园林地生态养鸡	26.80	种草养牛	39.80
高效养蛋鸡	19.90	高效养淡水鱼	29.80
高效养优质肉鸡	19.90	高效池塘养鱼	29.80
果园林地生态养鸡与鸡病防治	20.00	鱼病快速诊断与防治技术	19.80
家庭科学养鸡与鸡病防治	35.00	鱼、泥鳅、蟹、蛙稻田综合种养一本通	29.80
优质鸡健康养殖技术	29.80	高效稻田养小龙虾	29.80
果园林地散养土鸡你问我答	19.80	高效养小龙虾	25.00
鸡病诊治你问我答	22.80	高效养小龙虾你问我答	20.00
鸡病快速诊断与防治技术	29.80	图说稻田养小龙虾关键技术	35.00
鸡病鉴别诊断图谱与安全用药	39.80	高效养泥鳅	16.80
鸡病临床诊断指南	39.80	高效养黄鳝	25.00
肉鸡疾病诊治彩色图谱	49.80	黄鳝高效养殖技术精解与实例	25.00
图说鸡病诊治	35.00	泥鳅高效养殖技术精解与实例	22.80
高效养鹅	29.80	高效养蟹	25.00
鸭鹅病快速诊断与防治技术	25.00	高效养水蛭	29.80
畜禽养殖污染防治新技术	25.00	高效养肉狗	35.00
图说高效养猪	39.80	高效养黄粉虫	29.80
高效养高产母猪	35.00	高效养蛇	29.80
高效养猪与猪病防治	29.80	高效养蜈蚣	16.80
快速养猪	35.00	高效养龟鳖	19.80
猪病快速诊断与防治技术	29.80	蝇蛆高效养殖技术精解与实例	15.00
猪病临床诊治彩色图谱	59.80	高效养蝇蛆你问我答	12.80
猪病诊治 160 问	25.00	高效养獭兔	25.00
猪病诊治一本通	25.00	高效养兔	35.00
猪场消毒防疫实用技术	25.00	兔病诊治原色图谱	39.80
生物发酵床养猪你问我答	25.00	高效养肉鸽	29.80
高效养猪你问我答	19.90	高效养蝎子	25.00
猪病鉴别诊断图谱与安全用药	39.80	高效养貂	26.80
猪病诊治你问我答	25.00	高效养貉	29.80
图解猪病鉴别诊断与防治	55.00	高效养豪猪	25.00
高效养羊	29.80	图说毛皮动物疾病诊治	29.80
高效养肉羊	35.00	高效养蜂	25.00
肉羊快速育肥与疾病防治	35.00	高效养中蜂	25.00
高效养肉用山羊	25.00	养蜂技术全图解	59.80
种草养羊	29.80	高效养蜂你问我答	19.90
山羊高效养殖与疾病防治	35.00	高效养山鸡	26.80
绒山羊高效养殖与疾病防治	25.00	高效养驴	29.80
羊病综合防治大全	35.00	高效养孔雀	29.80
羊病诊治你问我答	19.80	高效养鹿	35.00
羊病诊治原色图谱	35.00	高效养竹鼠	25.00
羊病临床诊治彩色图谱	59.80	青蛙养殖一本通	25.00
牛羊常见病诊治实用技术	29.80	宠物疾病鉴别诊断与防治	49.80